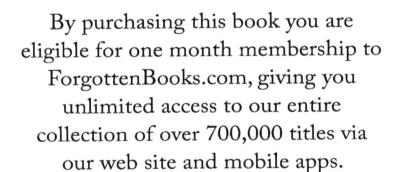

ISBN 978-0-260-96398-7
PIBN 10994676

ÉTUDES

SUR

LES MOUVEMENTS DE L'ATMOSPHÈRE

PAR

C. M. Guldberg,
Professeur de mathématiques appliquées à l'Université Royale de Norvége.

et

H. Mohn,
Professeur de météorologie à l'Université Royale de Norvège,
Directeur de l'Institut météorologique.

DEUXIÈME PARTIE.

Programme de l'Université pour le 2e Semestre 1880.

CHRISTIANIA.

IMPRIMERIE DE A. W. BRØGGER.

1880.

Chapitre Quatrième.

Du mouvement en général.

§ 18. Surfaces isobares. Gradient vertical.

Dans la météorologie nous avons appelé surfaces *isobares* des surfaces *d'égale pression* ou *isopiésiques*. L'air étant en équilibre, on peut approximativement regarder les surfaces isobares comme des sphères concentriques avec la terre, et, pour une partie assez petite de la surface de la terre, nous traiterons ces surfaces comme des plans horizontaux. Pendant le mouvement les surfaces isobares diffèrent des plans horizontaux. Pour fixer les idées nous regardons un courant d'air horizontal dont les lignes isobares à la surface de la terre soient des cercles concentriques. Soient les valeurs de la pression b pour les diverses distances r du centre les suivantes

$r =$	0	4.5	6.5	8	9.8	11.8	14.5	17.8	degrés du méridien
$b =$	725	730	735	740	745	750	755	760	millimètres.

La diminution de la pression $\triangle b$ pour la hauteur $\triangle z$ peut se calculer approximativement par la formule (voir § 14)

$$\frac{\triangle b}{b_0} = \frac{g \triangle z}{a T} = \frac{\triangle z}{8200}.$$

Fig. 1.

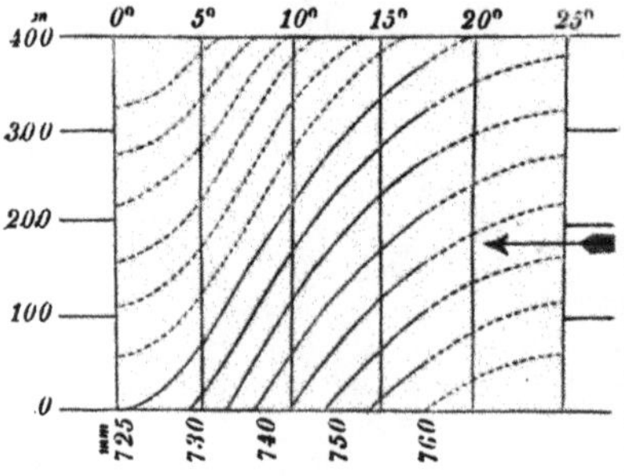

En attribuant successivement à b_0 les valeurs 725, 730 . . . . on calculera les valeurs de $\triangle z$ pour une valeur quelconque de $\triangle b$, et on peut construire une section verticale des surfaces isobares (fig. 1).

Quand l'air est en équilibre, une section verticale des surfaces isobares présentera une série de droites horizontales (fig. 2); en supposant qu'on ait un courant vertical, la section verticale des surfaces isobares présenterait aussi une série de droites horizontales, mais différentes de celles de la série de la fig. 2. On pourrait appeler ces lignes d'intersection

Fig. 2.

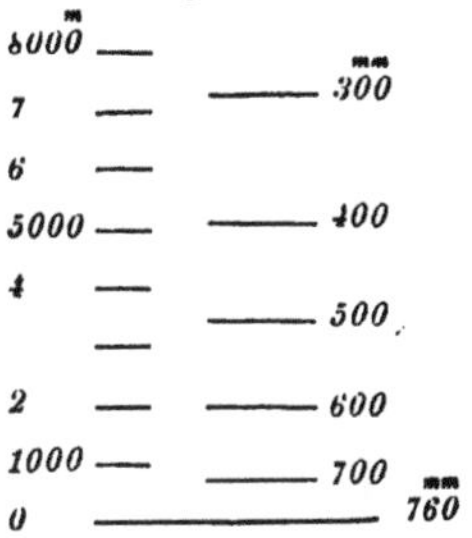

les isobares verticales, et si l'on voulait introduire *le gradient vertical*, on serait porté à établir une définition analogue à celle du gradient horizontal. En posant le gradient vertical égal à la différence de la pression entre deux isobares divisée par leur distance, on trouvera toujours et même dans l'état d'équilibre un gradient vertical dont la valeur dépasserait 10000^{mm} pourvu qu'on applique les unités du millimètre et du degré du méridien. Il est évident que par cette définition on n'aura pas une idée nette de la force qui agit pendant le mouvement vertical et qui doit être représentée par le gradient vertical.

Soit à la hauteur z la pression p et le poids de la colonne d'air en dessous q, et posons

$$\Pi = p + q. \qquad (1)$$

L'air étant en équilibre, la valeur de Π sera égale à la pression p_0 à la surface de la terre et par conséquent Π sera constante et indépendante de la hauteur z. Pour un mouvement vertical la valeur de Π sera différente de p_0 et variera avec la hauteur z. On pourra appeler Π la *pression réduite à la surface de la terre*. Nous appelons les lignes horizontales qui correspondent aux valeurs de Π, les *isobares verticales réduites*. Nous appelons le *gradient vertical* la différence des deux valeurs de Π exprimée en millimètres divisée par leur distance exprimée en degrés du méridien. Désignons le gradient vertical par H, le coefficient de réduction par μ (voir § 7), on a

$$-\mu H = \frac{d\Pi}{dz} = \frac{dp}{dz} + \frac{dq}{dz} = \frac{dp}{dz} + g\rho. \qquad (2)$$

Le signe moins est pris, parce que nous comptons le gradient vertical positif suivant la direction où la pression Π diminue.

En regardant le mouvement rectiligne du § 15 on trouvera

$$\mu H = \rho w \frac{dw}{dz}. \qquad (3)$$

En introduisant $d\Pi$ on trouvera par intégration

$$\Pi = p_0 - \rho_0 w_0 (w - w_0). \qquad (4)$$

Posons dans les formules du § 15

$$T = 290^0,\ m = 6,\ p_0 = 760^{mm},\ w_0 = 20^m,$$

on trouve les résultats contenus dans le tableau suivant.

Pression. p	Hauteur. z	Vitesse. w	Gradient vertical. H	Pression réduite. Π
mm	m	m	mm	mm
760	0	20.	40.	760.
700	684	21.4	43.5	759.84
600	1954	24.9	50.8	756.21
500	3413	28.3	61.0	758.48
400	5135	34.2	76.7	757.42
300	7335	43.4	103.1	755.73
200	9992	60.8	158.7	752.55
100	14031	108.4	354.2	743.86.

Fig. 3.

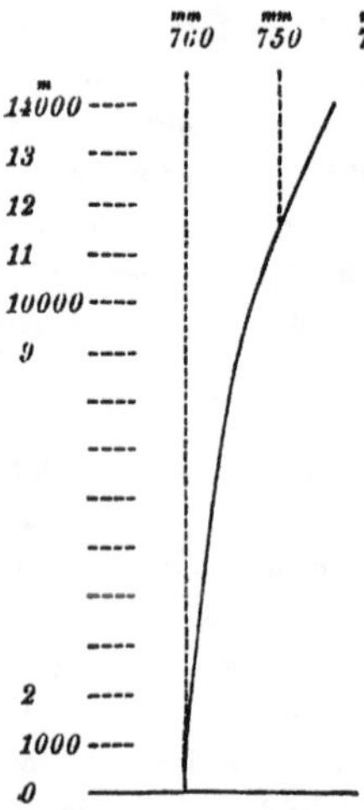

En construisant la courbe de Π comme fonction de z, on trouvera les isobares verticales réduites comme on le voit dans la fig. 3.

La différence entre p_0 et Π, on pourra l'appeler *la dépression verticale.*

De la même manière que le gradient horizontal G produit une force horizontale $\frac{\mu}{\rho} G$ (voir § 7), le gradient vertical H produit une force verticale $\frac{\mu}{\rho} H$, laquelle doit être ajoutée aux forces extérieures. Cette force verticale contient aussi la force de la pesanteur.

§ 19. Equations du mouvement.

Pour étudier le mouvement général de l'air nous prenons trois axes rectangulaires, dont les axes OX et OY sont horizontaux et l'axe OZ vertical et montant. Désignons par u, v et w les composantes de la vitesse parallèles aux axes et par X, Y et Z les composantes des forces rapportées à l'unité de masse et par ρ la densité, les équations de l'hydrodynamique s'écrivent:

$$\left.\begin{aligned} X - \frac{1}{\rho}\frac{dp}{dx} &= \frac{du}{dt} \\ Y - \frac{1}{\rho}\frac{dp}{dy} &= \frac{dv}{dt} \\ Z - \frac{1}{\rho}\frac{dp}{dz} &= \frac{dw}{dt} \end{aligned}\right\} \qquad (1)$$

En posant

$$\triangle = \frac{du}{dx} + \frac{dv}{dy} + \frac{dw}{dz} \qquad (2)$$

l'équation de continuité se met sous la forme

$$\frac{d\rho}{dt} + \rho \triangle = 0. \qquad (3)$$

Dans les équations précédentes $\frac{du}{dt}$, $\frac{dv}{dt}$ et $\frac{dw}{dt}$ désignent les composantes de la force totale; les forces produites par la variation de la pression sont représentées par $-\frac{1}{\rho}\frac{dp}{dx}$ et $-\frac{1}{\rho}\frac{dp}{dy}$, lesquelles sont les composantes de la force $\frac{\mu}{\rho} G$, et par $-\frac{1}{\rho}\frac{dp}{dz}$, qui est comprise dans la force $\frac{\mu}{\rho} H$.

Les composantes X, Y et Z sont les composantes des forces extérieures et intérieures. Les forces extérieures sont les suivantes.

La *pesanteur* est la résultante de l'attraction du globe et de la force centrifuge produite par la rotation de la terre. La direction de la pesanteur est normale à la surface de la terre et représente l'axe OZ. La pesanteur a donc la seule composante $-g$, et en introduisant le gradient vertical H, on a

$$\frac{\mu}{\rho} H = -g - \frac{1}{\rho} \frac{dp}{dz}.$$

Nous regardons la pesanteur comme constante, parce que les vents que nous étudions ont lieu dans les couches inférieures de l'atmosphère.

La force déviatoire de la rotation de la terre ou la force centrifuge composée est la force qu'on doit ajouter aux forces extérieures pour pouvoir traiter un problème de mouvement relatif comme s'il s'agissait d'un mouvement absolu. En désignant l'angle entre l'axe OX et la direction nord par a et les composantes de la force déviatoire par X_0, Y_0 et Z_0, on a

Fig 4.

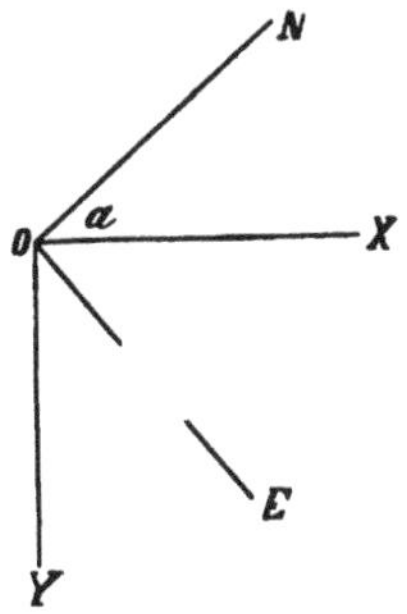

$$\left.\begin{aligned} X_0 &= -2\,\omega \sin\Theta\, v - 2\,\omega \cos\Theta \sin a\, w \\ Y_0 &= 2\,\omega \sin\Theta\, u - 2\,\omega \cos\Theta \cos a\, w \\ Z_0 &= 2\,\omega \cos\Theta \sin a\, u + 2\,\omega \cos\Theta \cos a\, v \end{aligned}\right\} \quad (4)$$

Ici Θ désigne la latitude comptée positive dans l'hémisphère boreal et négative dans l'hémisphère austral, et ω[1]) désigne la vitesse angulaire de la terre par seconde du temps moyen.

Les forces *intérieures* sont les composantes du *frottement intérieur* produit par la différence entre les vitesses des différentes couches d'air voisines. La surface de la terre offre une résistance aux courants d'air dont l'effet, en diminuant la vitesse des couches inférieures, se montre par la variation de vitesse entre les couches différentes. Les particules d'air à vitesse plus grande accélèrent le mouvement des particules à vitesse moins grande, et inversement les particules à vitesse moins grande ralentissent le mouvement des particules à vitesse plus grande. La résistance de la surface de la terre transporte donc son effet par toutes les couches d'air et influe sur la direction et sur la vitesse du mouvement. Nous allons regarder dans le chapitre suivant quelques cas spéciaux du frottement inférieur. Cependant le défaut d'observations sur la variation de la vitesse avec la hauteur empêche l'application de la théorie exacte aux vents en général. Nous allons considérer le frottement comme une force extérieure agissant suivant la surface de la terre. En désignant les composantes du frottement par X_1 et Y_1, nous posons (voir § 7)

$$\left.\begin{aligned} X_1 &= -ku \\ Y_1 &= -kv \end{aligned}\right\} \quad (5)$$

où k désigne le coefficient du frottement.

[1]) Dans la première partie des *Etudes* ω a été, par erreur, posée égale à $0.000072723\left(\frac{2\pi}{86400}\right)$ au lieu de 0.00007292 $\left(\frac{2\pi}{86164}\right)$.

En introduisant les valeurs des composantes des forces extérieures et intérieures et en remarquant que les vitesses et la densité sont des fonctions des quatre variables x, y, z et t, les équations du mouvement s'écrivent

$$\left.\begin{aligned}\frac{1}{\rho}\frac{dp}{dx} &= X_0 + X_1 - \frac{du}{dt} - u\frac{du}{dx} - v\frac{du}{dy} - w\frac{du}{dz}.\\ \frac{1}{\rho}\frac{dp}{dy} &= Y_0 + Y_1 - \frac{dv}{dt} - u\frac{dv}{dx} - v\frac{dv}{dy} - w\frac{dv}{dz}.\\ \frac{1}{\rho}\frac{dp}{dz} &= Z_0 - g - \frac{dw}{dt} - u\frac{dw}{dx} - v\frac{dw}{dy} - w\frac{dw}{dz}.\end{aligned}\right\} \quad (6)$$

$$\frac{d\rho}{dt} + u\frac{d\rho}{dx} + v\frac{d\rho}{dy} + w\frac{d\rho}{dz} + \rho\Delta = 0. \quad (7)$$

La trajectoire d'une particule d'air est déterminée par les équations:

$$\left.\begin{aligned}\frac{dx}{dt} &= u\\ \frac{dy}{dt} &= v\\ \frac{dz}{dt} &= w\end{aligned}\right\} \quad (8)$$

§ 20. Classification des systèmes de vent.

Chaque perturbation de l'équilibre de l'atmosphère produit un mouvement de l'air ou ce que nous appelons un système de vent en général. En regardant les forces qui agissent pendant le mouvement, nous divisons les systèmes de vent en deux classes. Les systèmes de vent *du premier ordre* sont les systèmes qui ne s'étendent que sur une partie assez étroite de la surface de la terre et qui en même temps possèdent des variations de vitesse assez grandes pour qu'on puisse négliger le frottement et la force déviatoire de la rotation de la terre. Comme exemple nous citerons les tornados, les trombes, les tourbillons de fumée etc. Les systèmes de vent du *second ordre* sont les systèmes où toutes les forces agissantes ont leur importance. Comme exemples nous citerons les cyclones, les alizés, les vents de mer et de terre.

En regardant le mouvement de l'air dans les systèmes de vent nous distinguons les systèmes *permanents* et les systèmes *variables*. Dans un *système permanent* la pression et la vitesse sont, au même point, indépendantes du temps et ne varient que d'un point à l'autre. Dans la nature on ne trouve jamais un système permanent, mais nous regardons comme permanents les systèmes de vent qui dans un temps assez long restent presque invariables. Comme exemples nous citerons les alizés, une cyclone ou une anticyclone immobile à pression constante au centre. Les systèmes de vent *variables* se divisent en systèmes *mobiles* et systèmes *immobiles*. Dans les systèmes variables et immobiles le minimum ou le maximum barométrique ne change pas de position à la surface de la terre, mais la valeur en varie avec le temps.

Dans nos études suivantes nous allons regarder quatre systèmes de vent simples.

1. *Système d'alizés.*

Ce système a des isobares rectilignes, un minimum barométrique à la surface de la terre, et un maximum barométrique aux couches supérieures. L'air afflue suivant la surface de la terre des deux côtés au minimum barométrique et le courant horizontal se transforme peu à peu en un courant vertical *ascendant*. A une certaine hauteur le courant vertical se transforme en un courant horizontal qui sort du maximum barométrique. Désignons par p_0 la pression au minimum et par p la pression au maximum barométrique, et par p'_0 et p' les pressions correspondantes à l'atmosphère extérieure, on aura la dépression D_0 qui appartient au courant horizontal suivant la surface de la terre

Fig. 5.

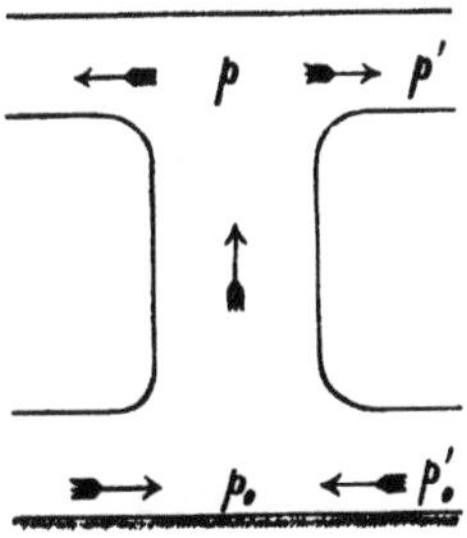

$$D_0 = p'_0 - p_0. \qquad (1)$$

L'excès de la pression D au maximum barométrique en haut est donné par la formule

$$D = p - p'. \qquad (2)$$

Soient q et q' les poids des colonnes d'air du courant vertical et de l'atmosphère calme, et soit Π la pression réduite (voir le § 18), on a

$$\Pi = p + q \qquad (3)$$

$$p'_0 = p' + q'. \qquad (4)$$

Posons $E = p_0 - \Pi \qquad (5)$

où nous appelons E la dépression verticale d'un courant ascendant (voir le § 18).

De ces équations on tire

$$D_0 + E + D = q' - q. \qquad (6)$$

La dernière équation nous montre que la différence de poids des colonnes d'air produit le mouvement des trois courants.

2. *Système de contre-alizés.*

Ce système a des isobares rectilignes et un maximum barométrique à la surface de la terre et un minimum barométrique aux couches supérieures. L'air afflue des deux côtés au minimum barométrique et le courant horizontal aux couches supérieures se transforme peu à peu en un courant vertical *descendant*. Le courant vertical se transforme en un courant horizontal qui sort du maximum barométrique à la surface de la terre. Désignons par p_0 la pression au minimum et par p la pression au maximum barométrique, et par p'_0 et p' les pressions correspondantes à l'atmosphère calme, on aura la dépression qui appartient au courant horizontal aux couches supérieures

Fig. 6.

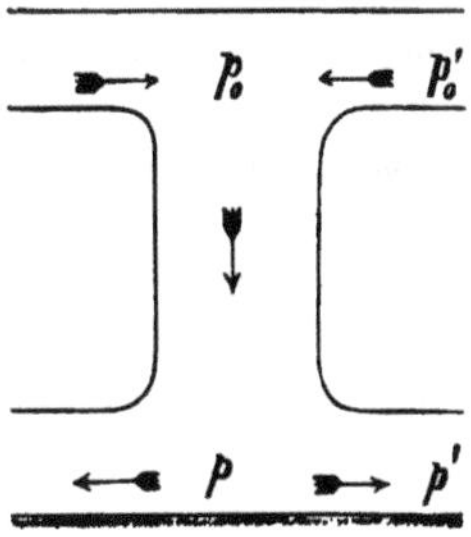

$$D_0 = p'_0 - p_0. \qquad (7)$$

L'excès de la pression D au maximum barométrique est donné par la formule

$$D = p - p' \qquad (8)$$

Soient q et q' les poids des colonnes d'air du courant vertical et de l'atmosphère calme et soit Π la pression réduite, on a

$$\Pi = p_0 + q \qquad (9)$$

$$p' = p_0' + q'. \qquad (10)$$

$$\text{Posons } E = \Pi - p, \qquad (11)$$

on trouvera

$$D_0 + E + D = q - q'. \qquad (12)$$

La grandeur E représente la dépression verticale d'un courant descendant, et la dernière équation nous montre que la différence de poids des colonnes d'air produit le mouvement des trois courants.

3. *Système de cyclone.*

Ce système a des isobares circulaires autour d'un minimum barométrique à la surface de la terre; aux couches supérieures il a un maximum barométrique. L'air afflue suivant la surface de la terre de tous côtés et les courants horizontaux se transforment peu à peu en courants verticaux *ascendants.* A une certaine hauteur le mouvement vertical se transforme en un mouvement horizontal et l'air sort d'un maximum barométrique aux couches supérieures. En introduisant les mêmes significations que nous avons employées au système d'alizés, les équations (1)—(6) ont aussi lieu pour les cyclones.

4. *Système d'anticyclone.*

Ce système a des isobares circulaires autour d'un maximum barométrique à la surface de la terre; il a un minimum barométrique aux couches supérieures. L'air affiue au minimum barométrique et les courants horizontaux aux couches supérieures se transforment peu à peu en courants verticaux *descendants.* Le mouvement vertical se transforme en un mouvement horizontal et l'air sort du maximum barométrique à la surface de la terre. Les équations (7)—(12) ont lieu pour les anticyclones.

Chacun de ces systèmes de vent possède à la surface de la terre son *espace calme,* qui contient la partie intérieure où le mouvement de l'air est presque vertical et où, par conséquent, l'on ne sent pas le vent. Aux couches supérieures on doit trouver aussi des espaces calmes où le mouvement vertical se change en mouvement horizontal ou vice-versa.

Les quatre systèmes que nous venons d'appeler des systèmes simples, agissent en transportant des masses d'air, soit de la surface de la terre aux couches supérieures, soit des couches supérieures à la surface de la terre. Quand on regarde le cas où l'on a simultanément deux ou plusieurs de ces systèmes simples, de sorte que leur mouvements empiètent l'un sur l'autre et que les masses d'air passent de haut en bas et inversement, on a un *système de vent composé,* dont la nature offre une infinité d'exemples.

Chapitre Cinquième.

Du frottement intérieur.

§ 21. Courants d'air horizontaux de petite étendue.

D'abord nous allons regarder des courants horizontaux assez petits pour que nous puissions négliger l'effet de la rotation de la terre; nous supposons la densité constante. Soient (fig. 7) AB et CD deux plans horizontaux qui renferment la masse d'air; supposons que le plan CD soit fixe et que le plan AB se meuve avec une vitesse uniforme V. Le mouvement de l'air aura donc lieu en couches horizontales de vitesses différentes: suivant AB la vitesse de l'air soit u_0 et suivant CD la vitesse soit zéro. En posant l'hypothèse que le frottement intérieur ou la viscosité soit proportionnelle à la différence des vitesses de deux couches, on conclut que la vitesse décroît proportionnellement à la distance z du plan AB. Soit la distance des deux plans h, l'accroissement de vitesse par unité de longueur sera $\frac{u_0}{h}$ et on trouvera la vitesse u à la distance z par la formule

Fig. 7.

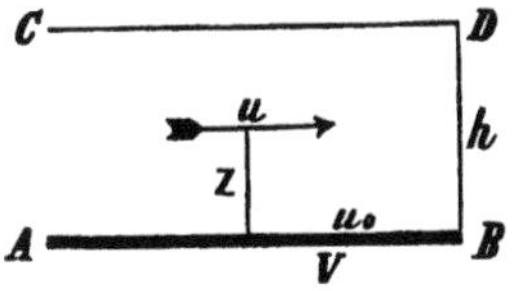

$$u = \frac{u_0}{h}(h-z) = u_0 - \frac{u_0}{h} z. \tag{1}$$

Le frottement intérieur par unité de surface que nous désignons par F. sera egal à un coefficient K multiplié par l'accroissement de vitesse et par conséquent

$$F = K\frac{u_0}{h}. \tag{2}$$

Le plan AB se meut avec la vitesse V et l'air suivant AB se meut avec la vitesse u_0; la résistance entre l'air et le plan AB est proportionnelle à la différence $V - u_0$ et au coefficient de frottement f entre l'air et le plan; par conséquent on peut écrire:

$$F = f(V - u_0). \tag{3}$$

De ces équations on trouve

$$u_0 = \frac{fV}{f + \frac{K}{h}}. \tag{4}$$

Dans le cas précédent la pression a été supposée constante. Nous allons regarder le cas où le courant d'air horizontal a un *gradient;* la vitesse horizontale u dépend seulement de la distance z et la vitesse verticale est zéro. L'accroissement de la vitesse par unité de longueur est $\frac{du}{dz}$ et le frottement intérieur est égal à $K\frac{du}{dz}$. Regardons un parallélipipède dont l'épaisseur soit dz et dont la face soit l'unité, la résultante des frottements des deux faces sera

$d\left(K\frac{du}{dz}\right)$ et la masse de l'élément sera $\rho\, dz$. La force résultante du frottement intérieur par unité de masse sera donc $\frac{K}{\rho}\frac{d^2u}{dz^2}$ et cette force agit dans le même sens que la force du gradient. L'équation de l'équilibre s'écrit

$$\frac{\mu}{\rho} G = -\frac{K}{\rho}\frac{d^2u}{dz^2}. \tag{5}$$

Le mouvement vertical étant zéro, le gradient vertical H disparaîtra et par conséquent la pression est indépendante de la hauteur z. On conclut donc que le gradient horizontal G est indépendant de z et constant. Par intégration de l'équation (5) on trouvera

$$K\frac{du}{dz} = C - \mu G z. \tag{6}$$

Pour déterminer la constante C on remarque que le frottement intérieur disparaît à une certaine valeur de z que nous désignons par h; en même temps la vitesse a sa valeur maximum U. Il est évident que le frottement est égal à zéro à la couche dont la vitesse est un maximum, parceque la vitesse décroît également de chaque côté et par conséquent la différence entre les vitesses des deux couches est égale à zéro. En choisissant l'origine des coordonnées à la distance h de la surface de la terre, on aura la constante C égale à zéro et par intégration de l'équation (6) on trouvera

Fig. 8.

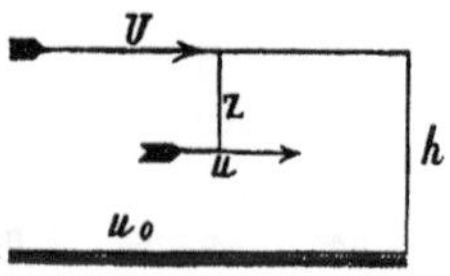

$$u = U - \frac{\mu G}{2K} z^2 \tag{7}$$

Soit la vitesse de l'air à la surface de la terre u_0, on aura en posant $z = h$,

$$u_0 = U - \frac{\mu G}{2K} h^2 \tag{8}$$

La limite supérieure d'un courant horizontal libre se trouve en posant $u = o$, et soit la valeur correspondante de $z = H$, on a

$$0 = U - \frac{\mu G}{2K} H^2 \tag{9}$$

De l'équation (6) on tire que le frottement à la distance z est égal à $\mu G z$; à la surface de la terre le frottement intérieur est égal à $\mu G h$; le frottement entre la surface de la terre et l'air est égal à $f u_0$ et par conséquent on trouve

$$\mu G h = f u_0$$

ou

$$\frac{\mu}{\rho} G = \frac{f u_0}{\rho h} = k u_0. \tag{10}$$

Ici k désigne le coefficient du frottement ordinaire que nous avons introduit dans nos problèmes antérieurs et on a

$$k = \frac{f}{\rho h} \tag{11}$$

Cette équation montre que le coefficient du frottement k est inversement proportionnel à la hauteur du courant mesuré de la surface de la terre à la couche de la vitesse maximum.

Par des expériences sur la viscosité de l'air *Clerk-Maxwell* a trouvé la valeur de K à 0° égale à 0.001878. En introduisant cette valeur dans l'équation (7) on aura

$$u = U - 0.033\, G \cdot z^2. \tag{12}$$

Des expériences sur le mouvement des liquides montrent que les inégalités du fond produisent de petits tourbillons qui jouent un rôle important pour la loi de la vitesse. On est porté à poser la formule suivante

$$u^2 = U^2 - 0.04\, G \cdot z^{\frac{3}{2}}. \tag{13}$$

La valeur 0.04 est tirée des expériences sur le mouvement de l'eau dans des canaux.

§ 22. Courants d'air horizontaux de grande étendue.

Nous allons regarder un courant d'air horizontal qui se meut sur une partie de la surface de la terre assez grande pour qu'on ne puisse pas négliger l'effet de la rotation de la terre. La force déviatoire de la rotation de la terre est, pour le mouvement horizontal, normale à la trajectoire du vent et sa valeur est exprimée par $2\,\omega \sin \Theta .\, U$, où ω désigne la vitesse angulaire de la terre, Θ la latitude et U la vitesse horizontale du vent.

Supposons que le mouvement du courant d'air soit uniforme, alors la vitesse et le gradient seront constants; les forces agissantes seront la force déviatoire de la rotation de la terre, la force du gradient et le frottement. Dans le cas spécial où le courant d'air se meut suivant une surface sans frottement, l'équilibre aura lieu entre la force déviatoire de la rotation de la terre et la force du gradient; par conséquent les deux forces doivent être opposées et leur direction doit tomber suivant la même droite. On aura alors

$$\frac{\mu}{\rho} G = 2\,\omega \sin \Theta\, U. \tag{1}$$

La force déviatoire de la rotation de la terre étant normale à la trajectoire du vent, on conclut que *dans le cas où le frottement est zéro, le courant est normal au gradient*, c'est à dire *que le vent se meut suivant l'isobare.*

Le rapport entre la vitesse du vent et le gradient est exprimé par

$$\frac{U}{G} = \frac{\mu}{\rho} : 2\,\omega \sin \Theta. \tag{2}$$

Soit la presson 760^{mm}, la température 0° et la tension de la vapeur d'eau 0, on aura

$$\frac{U}{G} = \frac{6.304}{\sin \Theta}$$

et pour

$\Theta =$	10°	20°	30°	40°	50°	60°	70°
$\frac{U}{G} =$	36.6	18.6	12.7	9.9	8.31	7.31	6.77

Nous avons supposé que la force du frottement, à la surface de la terre, est opposée au mouvement de la particule d'air. Dans ce cas la trajectoire formera un angle aigu avec la direction du gradient. Le frottement ayant sa plus grande valeur à la surface de la terre et diminuant avec la hauteur, la vitesse de l'air et en même temps l'angle de déviation doivent augmenter avec la hauteur, ce que montrent aussi les observations.

A la couche qui sépare le courant inférieur du courant supérieur dans les systèmes de vent que nous avons considérés dans le chapitre précédent, le gradient doit être zéro et par conséquent la vitesse de l'air nulle. Ainsi la vitesse de l'air augmente avec la hauteur dans la partie rapprochée de la terre tandis qu'elle diminue vers zéro dans la partie rapprochée de la couche intermédiaire entre les deux courants. La vitesse de l'air doit par conséquent atteindre son maximum à une certaine hauteur.

Comme la force résultante du frottement intérieur ne tombe pas nécessairement dans la direction opposée au mouvement, la direction du mouvement de l'air dans la couche à vitesse maximum reste indécise. Probablement elle ne s'écarte pas sensiblement de la direction perpendiculaire au gradient.

Comment se rangent la vitesse et la direction du mouvement dans les différentes couches d'un courant? Voilà un problème à peine soluble dans l'état actuel de notre connaissance des lois que suit le frottement, et en l'absence d'observations précises sur les gradients et les mouvements des couches supérieures de l'atmosphère.

§ 23. Courant d'air tournant.

Nous allons regarder une masse d'air tournante autour d'un axe vertical par suite du mouvement de l'air environnant. L'air extérieur se meut à trajectoires circulaires et à vitesse constante et produit par le frottement intérieur une rotation de la masse d'air intérieure. Nous avons donc une masse d'air limitée par un cylindre, dont la vitesse est donnée et qui tourne autour d'un axe vertical par le frottement intérieur. La vitesse tangentielle U est une fonction de la distance r de l'axe, les isobares sont des cercles concentriques et le gradient tombe suivant le rayon. Les forces agissantes sont la force du gradient, la force centrifuge et la force déviatoire de la terre, lesquelles tombent suivant le rayon, et enfin la force du frottement intérieur qui agit suivant la tangente. Nous négligeons le frottement de la surface de la terre, de sorte que la vitesse est indépendante de la hauteur. La résultante des frottements intérieurs sur un élément agit tangentiellement et doit être égale à zéro, parce qu'il n'existe aucune force tangentielle pour établir l'équilibre; il en résulte que le frottement intérieur suivant une surface cylindrique doit être constant. Divisons la masse d'air tournante en tranches cylindriques qui tournent à vitesses différentes. Le frottement intérieur est dû à la différence de la vitesse U, mais en même temps le rayon r varie et avec celui-ci la surface frottante; il faut donc poser le frottement proportionnel à la variation du produit de la vitesse et de la surface frottante, divisée par l'accroissement du volume. On trouvera donc

$$\frac{d(r\,U)}{r\,dr} = a = \text{constante} \qquad (1)$$

Par intégration on trouve

$$r\,U = \tfrac{1}{2}\,a\,r^2 + \mathrm{b}. \tag{2}$$

Ici a et b désignent deux constantes qu'on peut déterminer de la manière suivante.

Soit la vitesse donnée de l'air extérieur U_1 à la distance r_1, et supposons la vitesse de la masse intérieure égale à zéro à la distance r_0, on trouve

$$\tfrac{1}{2}\,a = \frac{r_1\,U_1}{r_1^2 - r_0^2} \qquad b = -\frac{r_0^2\,r_1\,U_1}{r_1^2 - r_0^2} \quad \text{et}$$

$$U = \frac{r_1}{r} \cdot \frac{r^2 - r_0^2}{r_1^2 - r_0^2}\,U_1. \tag{3}$$

Il est bien probable que le rayon r_0 dans la nature est égal à zéro, et l'on aura alors:

$$U = \frac{r}{r_1}\,U_1. \tag{4}$$

Le courant d'air tourne avec une vitesse angulaire constante. (Voir le § 14).

Pour déterminer le gradient et la pression nous distinguons deux cas sur *l'hémisphère boréal.*

1° *Rotation contre le soleil.*

Dans les cyclones de l'hemisphère boréal la rotation a lieu contre le soleil, le gradient est dirigé vers le centre, la force centrifuge et la force déviatoire de la rotation de la terre sont dirigées en dehors. On a donc

$$\frac{\mu}{\rho}\,G = \frac{U^2}{r} + 2\,\omega\sin\Theta\,U \tag{5}$$

En posant $\mu\,G = \frac{dp}{dr}$ et en introduisant la valeur de U donnée par l'équation (4), on trouve par intégration, p_0 étant la pression au centre, où $U = 0$,

$$\frac{p - p_0}{\rho} = \tfrac{1}{2}\,(U^2 + 2\,\omega\sin\Theta\,U\,r). \tag{6}$$

2° *Rotation avec le soleil.*

Dans les anticyclones de l'hémisphère boréal la rotation a lieu avec le soleil; le gradient et la force centrifuge sont dirigés en dehors et la force déviatoire de la rotation de la terre est dirigée vers le centre. On aura donc

$$\frac{\mu}{\rho}\,G = 2\,\omega\sin\Theta\,U - \frac{U^2}{r}. \tag{7}$$

$$\frac{p_0 - p}{\rho} = \tfrac{1}{2}\,(2\,\omega\sin\Theta\,U\,r - U^2). \tag{8}$$

L'équation (7) exige que la vitesse angulaire $\frac{U}{r}$ soit moindre que $2\,\omega\sin\Theta$, parce que le gradient doit être positif.

Chapitre Sixième.

Systèmes de vent permanents.

§ 24. Systèmes permanents du premier ordre.

Dans la nature les tornados et les trombes représentent des exemples de cyclones du premier ordre, mais les observations météorologiques sur ces phénomènes étant très-éparses ne suffisent pas pour nous montrer les changements de pression et de vitesse qui y ont lieu. Nous ne pouvons pas encore par l'analyse mathématique construire un système de vent complet. Cependant nous allons considérer quelques cas simples qui montrent des analogies avec les systèmes de la nature et nous chercherons à en déduire des applications.

Dans les équations générales du § 19 nous négligeons les composantes X_0, Y_0, Z_0, X_1 et Y_1 et nous regardons la densité comme constante. Les équations se mettent sous la forme,

$$\left.\begin{aligned} \frac{1}{\rho}\frac{dp}{dx} &= -u\frac{du}{dx} - v\frac{du}{dy} - w\frac{du}{dz} \\ \frac{1}{\rho}\frac{dp}{dy} &= -u\frac{dv}{dx} - v\frac{dv}{dy} - w\frac{dv}{dz} \\ g + \frac{1}{\rho}\frac{dp}{dz} &= -u\frac{dw}{dx} - v\frac{dw}{dy} - w\frac{dw}{dz} \end{aligned}\right\} \tag{1}$$

$$0 = \frac{du}{dx} + \frac{dv}{dy} + \frac{dw}{dz}. \tag{2}$$

En regardant le cas spécial, où on a

$$\frac{dw}{dy} = \frac{dv}{dz}, \quad \frac{du}{dz} = \frac{dw}{dx}, \quad \frac{dv}{dx} = \frac{du}{dy},$$

les équations (1) se réduisent à une seule. Désignons la vitesse absolue par V, on a

$$V^2 = u^2 + v^2 + w^2$$

et

$$\frac{1}{\rho}dp = -V\,dV - g\,dz \tag{3}$$

et par suite

$$p = p_0 + \tfrac{1}{2}\rho(V_0^2 - V^2) + g\rho(z_0 - z). \tag{4}$$

Ici p_0 désigne la pression pour $V = V_0$ et $z = z_0$.

Nous désignons la distance de l'origine des coordonnées par R et sa projection horizontale par r, la vitesse horizontale par U, et par conséquent on a

$$x^2 + y^2 + z^2 = r^2 + z^2 = R^2$$
$$U^2 = u^2 + v^2.$$

Premier exemple.

Les trajectoires sont des droites dirigées vers un centre fixe (fig. 9).

Fig. 9.

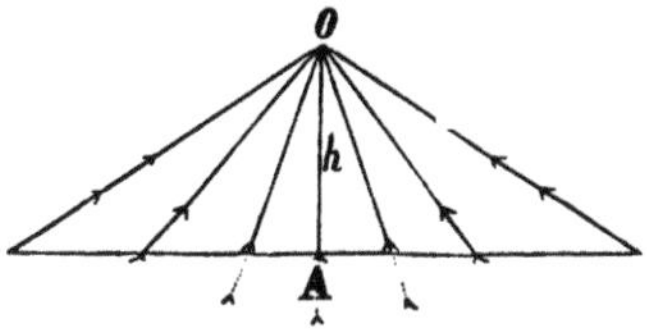

Nous prenons le centre fixe dans l'origine des coordonnées et mettons les équations des trajectoires sous la forme

$$\frac{x}{x_0} = \frac{y}{y_0} = \frac{z}{z_0} = \frac{R}{R_0} = \left(1 + \frac{3at}{R_0^3}\right)^{\frac{1}{3}}. \tag{5}$$

Le calcul montre que ces équations satisfont aux conditions que nous avons introduites ci-dessus. En posant le temps $t = 0$, on a $R = R_0$, d'où l'on conclut que toutes les particules d'air se trouvent d'abord sur la surface d'une sphère dont le rayon est R_0.

En différentiant x, y et z par rapport à t et en introduisant u, v et w (voir le § 19 équation (8)) et en éliminant les constantes arbitraires, on aura

$$\frac{u}{x} = \frac{v}{y} = \frac{w}{z} = \frac{U}{r} = \frac{V}{R} = \frac{a}{R^3}. \tag{6}$$

Pour $a < 0$, l'air affiue au centre et pour $a > 0$, l'air sort du centre.

Dans un plan horizontal (z = constante) le gradient G se trouve par l'équation (3), en remarquant que $V = \frac{a}{R^2}$, $R^2 = r^2 + z^2 \ldots$

$$G = \frac{1}{\mu}\frac{dp}{dr} = -\frac{\rho}{\mu} \cdot \frac{V dV}{dr} = \frac{\rho}{\mu} \cdot \frac{2a^2 r}{R^6}. \tag{7}$$

Mettons un plan horizontal à la distance $z = -h = z_0$, et étudions les phénomènes suivant ce plan, lequel peut représenter la surface de la terre.

Désignons la vitesse absolue au point A par V_0, nous aurons

$$V_0 = \frac{a}{h^2}.$$

Posons $r = \xi h$

nous trouverons

$$R = h\sqrt{1+\xi^2}$$

$$U = \frac{\xi}{(1+\xi^2)^{\frac{3}{2}}} V_0$$

$$G = \frac{2\rho}{\mu} \cdot \frac{V_0^2}{h} \cdot \frac{\xi}{(1+\xi^2)^3}$$

$$p - p_0 = \tfrac{1}{2}\rho(V_0^2 - V^2).$$

Désignons par p_0' la pression à un point assez éloigné pour qu'on puisse regarder la vitesse V comme zéro, $\left(V = \frac{a}{R^2}\right.$ d'après l'équation $\left.(6)\right)$ nous poserons

$$D_0 = p_0' - p_0 = \tfrac{1}{2}\rho V_0^2$$

et

$$p - p_0 = \frac{2\xi^2 + \xi^4}{(1+\xi^2)^2} D_0.$$

On voit facilement que toutes ces formules dépendent seulement de deux constantes ou paramètres, savoir la hauteur h et la vitesse maximum V_0. On peut changer le dernier paramètre et regarder la dépression D_0 comme le second paramètre. La fonction de U nous montre que la vitesse horizontale a une valeur maximum U_0 pour $\xi = \sqrt{\frac{1}{2}}$; la distance r_0 du point A au point où U a sa valeur maximum, est

$$r_0 = h\sqrt{\frac{1}{2}} \text{ et } U_0 = \sqrt{\frac{4}{27}} \cdot V_0.$$

Le gradient G a sa valeur maximum G_m pour $\xi = \sqrt{\frac{1}{5}}$ et

$$G_m = \frac{\rho}{\mu} \cdot \frac{25\sqrt{5}}{216} \cdot \frac{2\,V_0^2}{h}.$$

Or nous choisissons D_0, exprimée en millimètres de hauteur de mercure et r_0 exprimée en degrés du méridien comme les paramètres du système et ainsi nous pouvons établir les formules suivantes, en introduisant une valeur moyenne de ρ (0.1318 à la température de 0°, la pression de 760^{mm} et l'air sec).

La vitesse horizontale maximum	$U_0 = \sqrt{30.6\,D_0}$.
Le gradient horizontal maximum	$G_m = 0.715\,\frac{D_0}{r_0}$.
La distance de G_m au point A	$r_m = 0.63\ r_0$.
La hauteur du centre absolu O	$h = 1.41\ r_0$.
La vitesse absolue maximum	$V_0 = 2.6\ U_0$.

A l'aide des formules précédentes nous avons calculé le tableau suivant, où D désigne la différence barométrique.

ξ	0.5	1	2	3	4
$r:r_0$	0.71	1.41	2.83	4.24	5.66
$U:U_0$	0.93	0.92	0.46	0.25	0.15
$G:G_m$	0.99	0.48	0.06	0.01	0.003
$D:D_0$	0.36	0.75	0.96	0.99	0.9965

Fig. 10.

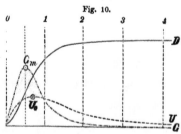

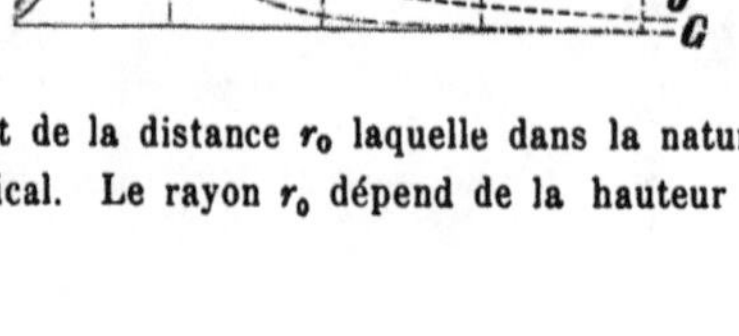

Dans la fig. 10 nous avons construit, d'après ce tableau, la courbe de la vitesse, la courbe du gradient et la courbe de la pression qui déterminent le système des isobares. On peut comparer notre système de vent à la moitié inférieure d'un système de cyclone de la nature: probablement dans la nature le gradient maximum tombe au même point que la vitesse maximum. La dépression D_0 qui dépend de l'état physique de l'air détermine la vitesse maximum; le gradient maximum dépend de la dépression et de la distance r_0 laquelle dans la nature représente probablement le rayon du courant vertical. Le rayon r_0 dépend de la hauteur du courant vertical. Enfin, il faut remarquer que dans notre exemple la vitesse verticale est très-grande; la vitesse V_0 au point A représente la vitesse verticale à ce point. Mais d'un autre côté dans les systèmes de vent de la nature le mouvement de l'air diffère beaucoup du mouvement de l'air dans notre cas, parce que la surface de la terre force les particules d'air à suivre des trajectoires d'une forme différente.

Deuxième exemple.

Les trajectoires sont parallèles à un plan vertical et passent par une droite horizontale (fig. 9).

Nous prenons le plan XZ parallèle aux trajectoires et l'axe OY comme la droite horizontale. L'ordonnée y disparaît et nous posons

$$u = U, \quad x = r \text{ et } R^2 = x^2 + z^2.$$

Mettons les équations des trajectoires sous la forme

$$\frac{x}{x_0} = \frac{z}{z_0} = \frac{R}{R_0} = \sqrt{1 + \frac{2at}{R_0^2}}. \tag{8}$$

En posant $t = o$, on a $R = R_0$; par conséquent les particules d'air se trouvent d'abord à la surface d'un cylindre dont le rayon est R_0. En différentiant par rapport à t et en éliminant les constantes on trouvera

$$\frac{u}{x} = \frac{w}{z} = \frac{V}{R} = \frac{a}{R^2}. \tag{9}$$

Pour $a < o$, l'air afflue vers l'axe et pour $a > o$, l'air sort de l'axe. Le gradient G dans un plan horizontal se trouve par la formule

$$G = \frac{1}{\mu}\frac{dp}{dx} = -\frac{\rho}{\mu}\cdot\frac{V\,dV}{dx} = \frac{\rho}{\mu}\frac{a^2 x}{R^4}. \tag{10}$$

Menons un plan horizontal à la distance $z = z_0 = -h$, et étudions les phénomènes suivant ce plan.

Posons $$V_0 = \frac{a}{h} \text{ et } \xi = \frac{x}{h} \text{ et } D_0 = \tfrac{1}{2}\rho V_0^2,$$

on aura $$u = \frac{\xi}{1+\xi^2} V_0; \quad G = \frac{\rho}{\mu}\frac{V_0^2}{h}\cdot\frac{\xi}{(1+\xi^2)^2}$$

$$p - p_0 = \tfrac{1}{2}\rho(V_0^2 - V^2) = \frac{\xi^2}{1+\xi^2} D_0.$$

La vitesse horizontale a un maximum u_0 pour $\xi = 1$ et $u_0 = \frac{1}{2} V_0$. Le gradient horizontal a un maximum G_m pour $\xi = \sqrt{\frac{1}{3}}$ et $G_m = \frac{3\sqrt{3}}{16}\cdot\frac{\rho}{\mu}\cdot\frac{V_0^2}{h}$. En choisissant D_0 exprimée en millimètres et la distance de l'axe $x_0 = h$, où la vitesse horizontale a son maximum, exprimée en degrés du méridien comme les paramètres, on trouvera:

La vitesse horizontale maximum	$U_0 = \sqrt{51.5\, D_0}$.
Le gradient horizontal maximum	$G_m = 0.65\,\frac{D_0}{x_0}$.
La distance de G_m à l'axe verticale	$x_m = 0.58\, x_0$.
La hauteur de l'axe horizontale	$h = x_0$.
La vitesse absolue maximum	$V_0 = 2\,U_0$.

A l'aide des formules précédentes nous avons calculé le tableau suivant où D désigne la différence barométrique.

ξ	0.5	1	2	3	4
$U:U_0$	0.80	1.	0.80	0.60	0.47
$G:G_m$	0 99	0.77	0.25	0.09	0.04
$D:D_0$	0.20	0.50	0.80	0.90	0.94.

Daprès ce tableau on peut construire les courbes de la vitesse, du gradient, de la pression et le système des isobares et l'on trouvera un système de courbes analogues aux courbes de la fig. 10.

On peut comparer le dernier système de vent à la moitié inférieure d'un système d'alizés du premier ordre de la nature et nous pouvons faire les mêmes remarques que sur le premier exemple.

§ 25. Système d'alizés du second ordre.

Les systèmes d'alizés ont mathémathiquement parlant une longueur infinie. Dans la nature la longueur est limitée, mais nous pouvons négliger les perturbations produites par les limites latérales. Suivant la surface de la terre le système d'alizés présente deux courants horizontaux qui affluent des deux côtés au minimum barométrique situé suivant une droite. Nous distinguons deux moitiés de chaque côté du minimum barométrique et chaque moitié a sa partie intérieure, dont la largeur soit r_0, et sa partie extérieure. Le courant horizontal se meut dans la partie extérieure approximativement à hauteur constante et dans la partie inférieure à hauteur croissante. Par conséquent la vitesse horizontale a sa valeur maximum U_0 à la distance r_0 du minimum barométrique.

Fig. 11.

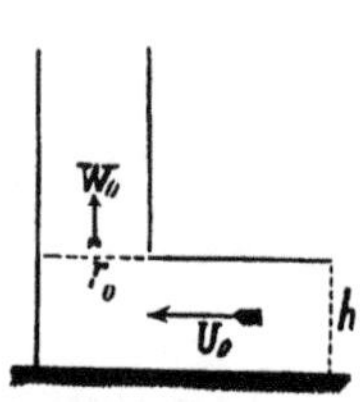

Désignons la hauteur du courant extérieur par h et l'angle entre la vitesse maximum et le gradient par ψ_0, la quantité d'air qui entre par unité de longueur est représentée par $U_0 \cos \psi_0 h$. Dans la partie intérieure le courant se transforme peu à peu en un courant vertical, dont la vitesse soit w_0 et par conséquent on a la condition

$$w_0 r_0 = U_0 \cos \psi_0 h. \quad (1)$$

Il est probable que dans la nature le rapport $\frac{h}{r_0}$ est assez petit pour qu'on puisse négliger la vitesse verticale et la dépression verticale qui en résulte. Nous allons donc considérer les courants horizontaux à vitesse constante ou variable.

La latitude est constante.

Nous avons déjà traité dans le § 10 les systèmes d'alizés aux isobares rectilignes et à vitesse constante. Maintenant nous posons

$$U \cos \psi = c_0 + c\,x \tag{2}$$

où la distance x tombe suivant le gradient.

En différentiant cette équation et en introduisant la valeur de U et de $d\,U$ au lieu de v et $d\,v$ dans les équations (2) et (3) du § 10, on aura

$$\frac{\mu}{\rho} G \cos \psi = U\left(k + c + U \sin \psi \frac{d\psi}{dx}\right). \tag{3}$$

$$\frac{\mu}{\rho} G \sin \psi = U\left(2\,\omega \sin \Theta - U \cos \psi \frac{d\psi}{dx}\right). \tag{4}$$

Si l'on élimine G de ces équations, on aura l'équation

$$0 = (k + c) \sin \psi - 2\,\omega \sin \Theta \cos \psi + U \frac{d\psi}{dx}$$

au lieu de laquelle on peut écrire

$$\frac{U}{\cos \psi} \frac{d\psi}{dx} = U \cos \psi \frac{d\,(\text{tang}\,\psi)}{dx} = 2\,\omega \sin \Theta - (k + c) \,\text{tang}\, \psi. \tag{5}$$

On voit qu'on peut satisfaire à cette équation en posant le dernier terme égal à zéro. Alors on a

$$\text{tang}\,\psi = \frac{2\,\omega \sin \Theta}{k + c}.$$

L'angle de déviation ψ devient constant, et le premier terme de l'équation (5) devient aussi zéro. Les équations (3) et (4) se transforment en

$$\left.\begin{aligned} \frac{\mu}{\rho} G \cos \psi &= (k + c)\, U \\ \frac{\mu}{\rho} G \sin \psi &= 2\,\omega \sin \Theta \cdot U \end{aligned}\right\} \tag{6}$$

L'angle de déviation normal étant exprimé par la formule

$$\text{tang}\,\alpha = \frac{2\,\omega \sin \Theta}{k},$$

on aura

$$\text{tang}\,\psi = \frac{2\,\omega \sin \Theta}{k + c} = \frac{\text{tang}\,\alpha}{1 + \frac{c}{k}} \tag{7}$$

et

$$\frac{U}{G} = \frac{\mu}{\rho} \frac{\cos \psi}{k + c} = \frac{\mu}{\rho} \frac{\sin \psi}{2\,\omega \sin \Theta}. \tag{8}$$

De ces équations on conclut: que *l'angle de déviation ψ est constant pour un vent à vitesse variable et à isobares rectilignes, mais qu'il diffère de l'angle normal α.* Le rapport entre la vitesse et le gradient reste constant et s'exprime par la même fonction de la latitude et de l'angle de déviation que pour les vents à vitesse constante.

Le gradient croît proportionnellement à la vitesse et par conséquent à la distance x. Il s'ensuit que la dépression entre deux isobares se trouve en multipliant la distance par la moyenne des gradients correspondants.

Quand $c > 0$, le vent court à vitesse croissante et l'angle de déviation est moindre que l'angle normal. Quand $c < 0$, le vent court à vitesse décroissante et l'angle de déviation est plus grand que l'angle normal.

Si nous regardons une station située sur la côte de la mer et que nous remarquions que le coefficient de frottement est plus grand sur la terre que sur la mer, nous devons nous attendre à ce que les vents de mer, à une telle station, aient un angle de déviation plus grand que l'angle de déviation des vents de terre.

Considérons un système d'alizés où l'on peut représenter la courbe des vitesses approximativement par deux droites (fig. 12). La courbe des gradients sera aussi représentée par deux droites et on aura, en posant le gradient maximum égal à G_0, la dépression totale

Fig. 12.

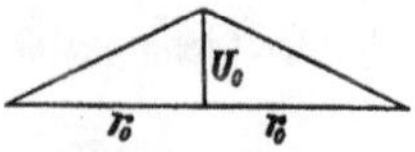

$$D_0 = G_0 \, r_0. \tag{9}$$

Dans la nature la vitesse est représentée par une courbe, et au point où $U = U_0$, la variation de la vitesse est zéro. Par conséquent l'angle de déviation est égal à l'angle normal α pour la vitesse maximum. En choisissant D_0 et r_0 comme les paramètres du système on aura

$$\left.\begin{array}{ll} \text{le gradient maximum} & G_0 = \dfrac{D_0}{r_0}. \\ \text{la vitesse maximum} & U_0 = \dfrac{\mu}{\rho} \cdot \dfrac{\cos\alpha}{k} \cdot \dfrac{D_0}{r_0}. \end{array}\right\} \tag{10}$$

Dans la voisinage de l'équateur on peut, avec $\rho = 0.1199$, $\alpha = 0$ et $k = 0.00002$, poser $U_0 = 51 \dfrac{D_0}{r_0}$. Supposons que le système d'alizés ait une largeur de $2\, r_0 = 20^0$ et que la dépression totale soit 2^{mm}, on trouvera $G_0 = 0.2^{mm}$ et $U_0 = 10^m$.

La latitude est variable.

Nous employons les mêmes significations que dans le § 11, mais nous regardons seulement le cas où le gradient tombe suivant le méridien. Prenons l'origine à l'équateur, et posons

$$\Theta = \lambda x$$

où

$$\lambda = \pm \frac{9}{10^6} \frac{\pi}{180}.$$

Ici le signe *plus* désigne que le gradient est dirigé vers le Nord et le signe *moins* que le gradient est dirigé vers le Sud. En supposant que la vitesse soit exprimée par l'équation (2), on retrouve les équations (3) et (4).

En éliminant G de ces équations on aura

$$U \cos\psi \frac{d\,(\text{tang}\,\psi)}{d\,x} = 2\,\omega \sin\Theta - (k + c)\,\text{tang}\,\psi. \tag{11}$$

En introduisant Θ au lieu de $\sin\Theta$, on voit que l'équation (11) est satisfaite par

$$\text{tang}\,\psi = \frac{2\,\omega}{k + 2\,c}(\Theta - \varepsilon). \tag{12}$$

$$\varepsilon = \frac{\lambda c_0}{k + c}. \tag{13}$$

Car, en différentiant l'équation (12), on a

$$\frac{d(\text{tang}\,\psi)}{dx} = \frac{2\,\omega}{k + 2\,c}\,\frac{d\Theta}{dx} = \frac{2\,\omega\,\lambda}{k + 2\,c}.$$

En substituant cette valeur et la valeur de $U \cos \psi$ d'après l'équation (2) on a

$$(c_0 + c\,x)\,\frac{2\,\omega\,\lambda}{k + 2\,c} = 2\,\omega\,\Theta - (k + c)\,\frac{2\,\omega}{k + 2\,c}\,(\Theta - \varepsilon).$$

$$\lambda\,c_0 + \lambda\,c\,x = \lambda\,c_0 + c\,\Theta = (k + 2\,c)\,\Theta - (k + c)\,(\Theta - \varepsilon)$$

$$\lambda\,c_0 = (k + c)\,\varepsilon$$

d'où

$$\varepsilon = \frac{\lambda\,c_0}{k + c}.$$

En éliminant $\frac{d\psi}{dx}$ des équations (3) et (4) on trouve le gradient

$$G = \frac{\rho}{\mu}\,U \cos \psi\,(k + c + 2\,\omega\,\Theta\,\text{tang}\,\psi) \tag{14}$$

Le rayon de courbure de la trajectoire se trouve par l'équation

$$R = \frac{ds}{d\psi} = \frac{dx}{\cos \psi\; d\psi}.$$

De l'équation (12) on tire

$$\frac{d\psi}{\cos^2 \psi\; dx} = \frac{2\,\omega}{k + 2\,c}\,\frac{d\Theta}{dx} = \frac{2\,\omega\,\lambda}{k + 2\,c}$$

et on a ainsi

$$R = \frac{k + 2\,c}{2\,\omega} \cdot \frac{1}{\lambda \cos^3 \psi}. \tag{15}$$

Il est évident que, pour chaque côté du point de la vitesse maximum, c change de signe et que dans la nature l'équation $c = 0$ doit avoir lieu pour ce point.

Dans un système d'alizés on a deux courants horizontaux, l'un suivant la surface de la terre et l'autre dans les couches supérieures. Quant au dernier nous pouvons faire valoir les mêmes équations que pour le premier, mais faute d'observations le coefficient de frottement reste inconnu pour les couches supérieures. En négligeant la dépression verticale E, la somme des deux dépressions horizontales D_0 à la surface de la terre et D aux couches supérieures, est égale à la différence de poids des colonnes d'air (voir le § 20 (12)). On peut approximativement calculer cette différence par l'équation (4) du § 17. Pour fixer les idées nous supposons que l'air au point A ait la température virtuelle $T_0 = 298^\circ$ et le coefficient $m = 6$, si un courant ascendant a lieu. Au point B l'air calme a la température virtuelle $T_0' = 294^\circ$ et le coefficient $m' = 7$. Si nous supposons que l'air se meuve de B jusqu'à A et y ascende, on trouvera par les formules du § 16 (6) que le courant ascendant a une hauteur de 4918^m et que la différence de poids des colonnes d'air est de 3.1^{mm}. Posons $D_0 = 2^{mm}$ et $D = 1.1^{mm}$. Si l'étendue du système de vent BA est de 20^0, on trouvera par les formules (10) $U_0 = 10^m$. Le temps qu'exige le courant pour se mouvoir de B à A, est exprimé en heures

$$\frac{10^6}{9} \cdot \frac{20}{\frac{1}{2} U_0} \cdot \frac{1}{3600} = 123.3.$$

Si maintenant l'air de B en 123 heures peut obtenir l'état physique appartenant à l'air de A, le système de vent a lieu, et, comme on voit, les paramètres du système sont déterminés par l'état physique de l'air et de la surface de la terre. Si nous posons la distance $BA = 16^0$, nous aurons $U_0 = 12.5^m$ et le temps = 103 heures, mais alors l'air de B arrivera à A avec une température plus basse que la température de A et par conséquent la dépression diminuera et le système de vent ne pourra être permanent.

§ 26. Système de cyclone du second ordre.

Nous avons déjà dans les §§ 12 et 13 traité les cyclones du second ordre par rapport au mouvement suivant la surface de la terre. Nous avons supposé que le courant horizontal ait une hauteur constante h dans la partie extérieure et que la vitesse horizontale croisse dans cette partie vers le centre et atteigne sa valeur maximum U_0 à la distance r_0 du centre des isobares. Puis le courant entre dans la partie intérieure où sa vitesse décroît en même temps que le mouvement se transforme peu à peu en un mouvement vertical. Soit la vitesse verticale moyenne w_0 et l'angle entre le gradient et la vitesse maximum ψ_0, on a la condition pour que la même masse d'air passe du courant horizontal au courant vertical

$$\pi r_0^2 w_0 = 2 \pi r_0 h \; U_0 \cos \psi_0$$

et

$$w_0 = \frac{2h}{r_0} U_0 \cos \psi_0. \tag{1}$$

Dans les cyclones du second ordre le rapport $\frac{h}{r_0}$ est probablement assez petit pour qu'on puisse négliger la vitesse verticale et la dépression verticale E qui appartiennent au mouvement accéléré du courant vertical.

Fig. 13.

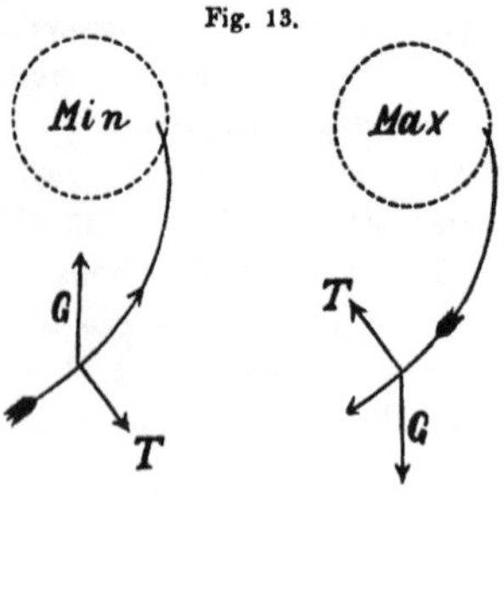

La rotation du mouvement cyclonique est déterminée par la force déviatoire de la rotation de la terre T (fig. 13). Nous avons supposé que le système de cyclone ait un minimum barométrique à la surface de la terre et un maximum barometrique aux couches supérieures. Il s'ensuit que la rotation aux couches supérieures est opposée à celle à la surface de la terre. Le *courant vertical intermédiaire* qui combine les deux courants horizontaux est par conséquent *rectiligne*. Les phénomènes sont inverses aux anticyclones. Cependant le peu que nous sachions sur les mouvements des nuages de cirri semble indiquer que les axes de rotation du courant inférieur et du courant supérieur ne tombent pas dans la même droite verticale.

Comme paramètres du système de cyclone on peut choisir la dépression D_0 et le rayon r_0, lesquels dépendent de l'état physique de l'air. Approximativement on peut établir les relations suivantes entre la vitesse maximum U_0 et le gradient G_0. Supposons que la courbe du gradient (fig. 14) se compose d'une droite et d'une courbe de l'équation

Fig. 14.

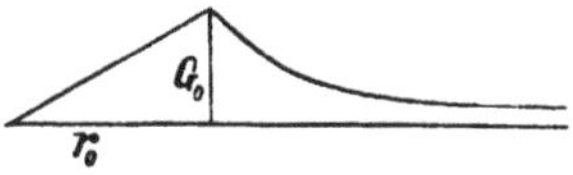

$$G = \frac{a}{r} + \frac{a'}{r^3}.$$

D'apres le § 12 on a

$$a = \frac{\rho}{\mu} U_0 r_0 \frac{k}{\cos \alpha} \quad \text{et} \quad a' = \frac{\rho}{\mu} U_0^2 r_0^2 \cdot \frac{9}{10^6}.$$

Dans la partie intérieure, la dépression est égale à

$$\int_{r=0}^{r=r_0} d p = \int_{r=0}^{r=r} \frac{G_0}{r_0} r dr = \tfrac{1}{2} G_0 r_0$$

et dans la partie extérieure, la dépression est égale à

$$\int_{r=r_0}^{r=r} d p = \int_{r=r_0}^{r=r} \left(\frac{a}{r} d r + \frac{a'}{r^3} d r\right) = a \log.\text{nat.} \left(\frac{r}{r_0}\right) + \tfrac{1}{2} \frac{a'}{r_0^2}\left(1 - \left(\frac{r_0}{r}\right)^2\right).$$

En négligeant le terme $\left(\frac{r_0}{r}\right)^2$ on a, en remarquant que

$$G_0 = \frac{a}{r_0} + \frac{a'}{r_0^3},$$

la dépression totale entre le centre et le point avec le rayon r,

$$D_0 = a \left(\tfrac{1}{2} + \log.\text{nat.} \left(\frac{r}{r_0}\right)\right) + \frac{a'}{r_0^2}.$$

Si le rayon r désigne le rayon d'action du système, on peut le déterminer en donnant dans l'équation

$$\frac{r}{r_0} = \frac{U_0}{U}$$

à U une valeur conventionnellement faible. Dans les cyclones violentes nous posons $U = 5$ mètres par seconde. Il semble que le rapport de $r_0 : r$ tombe entre 2 et 10.

Le temps qu'exige une particule d'air pour parcourir la partie extérieure, c'est-à-dire pour aller d'un point à la distance r à un point à la distance r_0, se trouve par la formule

$$t = \int_r^{r_0} \frac{d s}{U} = \int_{r_0}^{r} \frac{d r}{U \cos \psi_0} = \frac{1}{U_0 r_0 \cos \psi_0} \int_{r_0}^{r} r\, d r = \frac{r_0^3}{2\, U_0 \cos \psi_0}\left(\left(\frac{r}{r_0}\right)^2 - 1\right).$$

A l'aide des formules précédentes nous avons calculé les tableaux suivants. Dans la 6ième colonne h est exprimée en kilomètres et w_0 en mètres. On trouve la valeur de U_0 par tâtonnement.

Cyclone des zones tempérées.

$\Theta = 60^0$ $k = 0.00004$ $\psi_0 = 72^0.4$

D_0	r_0	U_0	G_0	r	$w_0 : h$	t
mm	°	m	mm	°	m	heures
10	1	21.0	7.0	4.2	0.11	40
20	1	31.3	14.0	6.3	0,17	62
30	1	39.5	21.0	7.9	0.21	79
10	2	15.8	3.5	6.3	0.04	58
20	2	24.4	6.3	9.8	0.07	96
30	2	31.2	9.1	12.5	0.08	124
40	2	36.8	11.9	14 7	0.10	148
10	4	11.0	2.0	8.8	0.015	71
20	4	17.2	3.2	13.8	0.023	129
30	4	22.2	4.4	17.8	0.030	172
40	4	26.7	5.5	21.4	0.036	211
50	4	30.8	6.7	24.6	0.042	245.

Cyclone de la zone tropique.

$\Theta = 30^0$ $k = 0.00002$ $\psi_0 = 74.^07$

D_0	r_0	U_0	G_0	r	$w_0 : h$	t
10	0.1	31	96	0.6	1.5	7
15	0.1	38	144	0.8	1.8	9
20	0.1	44.5	193	0.9	2.1	10
25	0.1	50	245	1.0	2.4	12
10	0.4	29	22	2.3	0.34	26
15	0.4	35.5	33	2.8	0.42	32
20	0.4	41	44	3.3	0.49	38
25	0.4	46.5	56	3.7	0.55	43
30	0.4	51	67	4.1	0.61	47.

Chapitre Septième.

Systèmes de vent variables.

§ 27. Variation de la pression dans le système de vent immobile.

Dans les systèmes de vent permanents l'air qui afflue et produit le courant vertical. est toujours *homogène*. Dans les systèmes de vent variables l'air affluent est *hétérogène* et par suite le mouvement du système varie avec le temps. L'intensité des systèmes de vent dépend surtout du courant vertical et nous appelons l'air qui entre dans un système de vent et possède un état physique tel qu'il peut produire ou entretenir un courant vertical soit ascendant soit descendant *l'air alimentaire*. Nous appelons l'air qui entre dans un système de vent, mais qui ne peut entretenir le courant vertical l'air *remplissant*. Regardons un courant vertical ascendant dont la hauteur soit h et supposons que d'abord le mouvement soit permanent. En désignant les vitesses verticales par w et w_1 et les densités par ρ et ρ_1 à l'entrée et à la sortie du courant, l'équation de continuité se met sous la forme

Fig. 15.

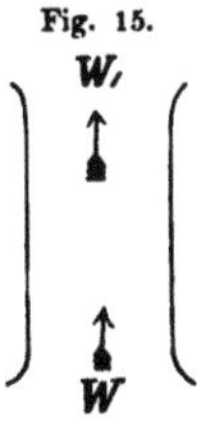

$$0 = \rho w - \rho_1 w_1.$$

Supposons que d'après un certain temps l'air qui entre ait la densité ρ' et la température τ' et que les vitesses verticales restent inaltérées dans les premiers moments, l'équation de continuité se met sous la forme

$$d(\rho h) = h\, d\rho = (\rho' w - \rho_1 w_1)\, dt.$$

En éliminant $\rho_1 w_1$ on trouve

$$\frac{d\rho}{dt} = \frac{w}{h}(\rho' - \rho). \qquad (1)$$

Le changement de la densité produit un changement de la pression et en posant approximativement

$$\frac{d\rho}{\rho} = \frac{dp}{p}; \qquad \frac{\rho'}{\rho} = \frac{273 + \tau}{273 + \tau'}; \qquad \frac{p}{\rho} = a(273 + \tau'):$$

on aura

$$\frac{1}{\rho}\frac{dp}{dt} = a\frac{w}{h}(\tau - \tau'). \qquad (2)$$

On conclut de l'équation (2) *que la pression diminue quand l'air entrant est plus chaud, et que la pression augmente quand l'air entrant est plus froid.* En appliquant ce résultat à la nature on déduit que l'air remplissant est plus froid que l'air alimentaire.

Désignons la variation de la pression par heure et en millimètres par δ et exprimons h en kilomètres, on aura

$$\delta = \frac{3600 \cdot 760}{10333} \cdot \frac{a\rho}{1000} \cdot \frac{w}{h} (\tau - \tau')$$

et pour une valeur moyenne de ρ (0.1318).

$$\delta = 10 \frac{w}{h} (\tau - \tau'). \tag{3}$$

Regardons une cyclone immobile dont la pression du centre varie; δ représente la variation de la dépression horizontale D_0. Pour introduire la relation donnée par l'équation (1) nous remarquons que celle-ci peut s'écrire

$$\frac{d\rho}{\delta t} = \frac{w}{dz} (\rho' - \rho).$$

En allant des valeurs infinitésimales de la hauteur aux différences réelles, il faut prendre au moins la hauteur totale h du courant horizontal, parceque nous ne connaissons pas les variations de la vitesse avec la hauteur dans celui-ci, et quand w exprime la vitesse verticale dans le courant ascendant à la hauteur h, c'est à dire au niveau où le mouvement commence à être purement ascensionnel, nous pouvons introduire la relation donnée par l'équation (1) du § 26, et nous aurons, en exprimant r_0 en degrés du méridien,

$$\delta = 0.18 \frac{U_0 \cos \psi_0}{r_0} (\tau - \tau'). \tag{4}$$

A l'aide de l'équation (3) on calculera facilement la variation de la pression dans les cyclones inscrites aux tableaux du § 26.

L'équation (2) n'a lieu que pour les premiers moments. Si le courant vertical est continuellement alimenté par un air hétérogène, le changement de la pression dépend aussi de l'humidité de l'air. D'après le § 5 l'air humide a pendant l'ascension une température moyenne plus haute que l'air sec. Si nous regardons approximativement τ et τ' comme des températures moyennes, nous déduisons la conclusion que l'air remplissant est plus froid et plus sec que l'air alimentaire. Si donc l'air entrant dans une cyclone immobile change son état physique et devient plus froid et plus sec, la dépression horizontale diminue peu à peu et la cyclone se détruit après un certain temps.

§ 28. Système de vent instantané.

Fig. 16.

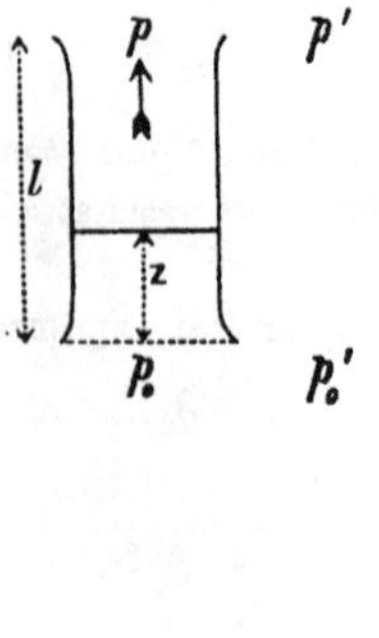

Nous allons regarder une colonne d'air de la hauteur l qui a été échauffée de sorte que la pression p au bout supérieur surpasse la pression p' du dehors. L'air commence à sortir de la colonne et en même temps l'air entre au bout inférieur, mais la densité de l'air remplissant la hauteur z a une valeur ρ différente de la valeur ρ' de l'air de l'atmosphère calme et par conséquent le poids de la colonne diminue de sorte que la pression p_0 à la surface de la terre décroît et produit une dépression $p_0' - p_0$. La pression p_0 diminue en même temps que la vitesse verticale w du courant augmente jusqu'à une limite qui correspond à la valeur maximum de la vitesse verticale, et dès ce moment le mouvement permanent a lieu. Approximativement nous pouvons négliger la variation de la densité due à la pesanteur et nous posons la force qui produit le mouvement ascendant égale à $\frac{p_0 - p}{\rho l}$. L'équation du mouvement se met sous la forme

$$\frac{dw}{dt} = \frac{p_0 - p}{\rho l} - g. \tag{1}$$

La différence $p_0 - p$ est égale aux poids de la colonne d'air z à la densité ρ et de la colonne $l - z$ à la densité ρ'; par suite on a

$$p_0 - p = g \rho z + g \rho' (l - z).$$

En introduisant cette valeur on aura

$$\frac{dw}{dt} = g \frac{(\rho' - \rho)}{\rho} \cdot \frac{l - z}{l}. \tag{2}$$

De l'équation (1) on tire que la vitesse verticale croît jusqu'au moment où la pression a gagné la valeur

$$p_0 = p + g \rho l.$$

A ce moment la colonne est remplie de l'air de la densité ρ, $z = l$ et le mouvement est permanent. En posant approximativement $p' = p$, on trouvera

$$p_0' = p + g \rho' l.$$

et par suite

$$p_0' - p_0 = g l (\rho' - \rho). \tag{3}$$

En introduisant $w = \frac{dz}{dt}$, l'équation (2) donnera par intégration

$$z = l\left(1 - \cos \frac{w_0}{l} t\right) \tag{4}$$

où

$$w_0 = \sqrt{\frac{p_0' - p_0}{\rho}} \tag{5}$$

désigne la vitesse maximum.

La durée du courant jusqu'au moment où le mouvement permanent commence soit t_0, et on aura

$$t_0 = \frac{\pi l}{2 w_0}. \tag{6}$$

En désignant par τ et τ' les températures moyennes de la colonne du courant et de la colonne de l'atmosphère calme, on peut poser approximativement

$$\frac{\rho'}{\rho} = \frac{273 + \tau}{273 + \tau'}.$$

L'équation (5) se met donc sous la forme

$$w_0 = \sqrt{\frac{g l (\tau - \tau')}{273 + \tau'}}. \tag{7}$$

Soit $l = 1000^m$, $\tau - \tau' = 6^0$, $273 + \tau' = 290$, on trouvera $w_0 = 14.2^m$ et la durée $t_0 = 110^s$.

Le mouvement permanent a lieu autant que l'air alimentaire reste inaltéré. Supposons qu' après un certain temps t, l'air affluent suivant la surface de la terre entre au bout inférieur avec la densité ρ', alors la colonne sera peu à peu remplie de l'air à cette densité en même temps que la vitesse décroît jusqu'à zéro, la pression p_0 augmente jusqu'à p_0' et le mouvement cesse.

La durée du mouvement permanent dépend de la quantité de l'air qui peut alimenter le courant. Si par exemple le système peut être regardé comme une cyclone radiale, on aura, en désignant par r_0 le rayon du courant vertical, par r le rayon de l'air alimentaire, par h sa hauteur, et par t_1 la durée

$$\pi r_0^2 w_0 t_1 = \pi r^2 h$$

ou

$$t_1 = \left(\frac{r}{r_0}\right)^2 \frac{h}{w_0}. \tag{8}$$

Si, au contraire, l'air alimentaire peut être regardé comme une couche dont la longueur est très grande comparée à la largeur, on peut s'imaginer que le système de vent consiste en une série de systèmes instantanés, de sorte que la cyclone se meut suivant la ligne moyenne ou centrale de la couche alimentaire (tornados, coups de grêle). Soit la largeur L et la vitesse de propagation W, on aura

$$L h W = \pi r_0^2 w_0$$

et par suite

$$W = \frac{\pi r_0^2 w_0}{L h}. \tag{9}$$

Le temps t pendant lequel la cyclone passe par un point, est donné par l'équation:

$$t = \frac{2 r_0}{W}. \tag{10}$$

Soit $r_0 = 200^m$, $h = 100^m$, $L = 1200^m$, on trouve $W = 14.9^m$ et $t = 27^s$.

§ 29. Vent de mer et vent de terre.

Nous regardons les vents de mer et les vents de terre comme des alizés variables du second ordre. Le vent de mer appartient au système d'alizés et le vent de terre au système de contre-alizés. Pendant le jour la terre s'échauffe plus fort que la mer et par conséquent la pression p au bout supérieur de la colonne d'air augmente et surpasse la pression p'; l'air sort de la colonne et en même temps la pression p_0 diminue, parceque le poids de la colonne diminue, et produit un courant horizontal qui est le vent de mer. Approximativement on peut négliger le temps nécessaire pour remplir la colonne de l'air de mer et l'on peut regarder la dépression $p_0' - p_0$ comme une fonction des températures.

Fig. 17.

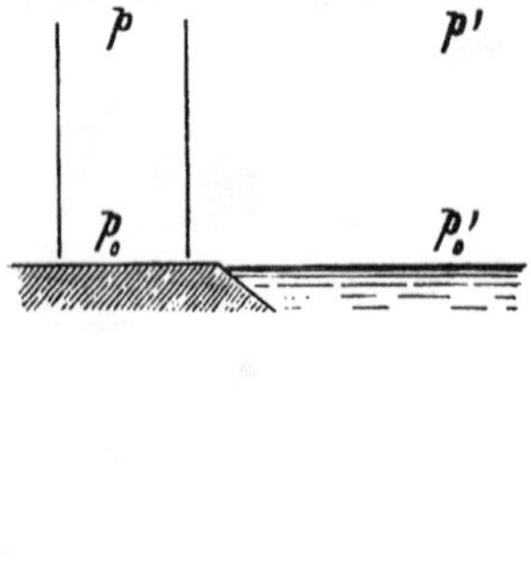

Pendant la nuit la terre se refroidit plus fort que la mer, la pression p diminue en même temps que le poids de la colonne d'air augmente et un système de contre-alizés a lieu avec une dépression $p_0 - p_0'$.

La dépression qui dépend de l'échauffement inégal de la mer et de la terre est une fonction du temps et de l'endroit et doit être déterminée par des observations. La dépression produit un courant horizontal qui commence avec une vitesse égale à zéro; successivement la dépression augmente, la vitesse croît et le courant s'étend de plus en plus jusqu'au moment où la dépression atteint sa valeur maximum. Puis la dépression et la vitesse du courant décroissent simultanément jusqu'au moment où le courant cesse.

Regardons le courant horizontal à un temps quelconque et désignons sa vitesse maximum qui a lieu près de la côte, par U_0, sa longueur suivant le gradient par x, et la dépression en millimètres par D_0, il est évident que D_0 est une fonction de U_0, de x et du temps. Approximativement nous posons

$$\frac{10333}{760} D_0 = \rho\, U_0^2$$

et en introduisant une valeur moyenne de ρ on aura

$$D_0 = \frac{U_0^2}{103}. \tag{1}$$

Si l'on suppose que la courbe du gradient puisse être représentée par deux droites et en exprimant x en degrés du méridien, on a

$$D_0 = \tfrac{1}{2} G_0\, x. \tag{2}$$

Le gradient G_0 se détermine par la vitesse U_0 par les formules connues

$$\frac{G_0}{U_0} = \frac{\rho}{\mu} \cdot \frac{k}{\cos \alpha}$$

$$\tang \alpha = \frac{2 \omega \sin \Theta}{k};$$

par conséquent on a

$$x = \frac{2\, U_0 \cos \alpha}{k}. \tag{3}$$

Soit par exemple $\Theta = 30^0$, $k = 0.00004$, on a $\alpha = 61^0.25$ et $G_0 : U_0 = 0.09$. Posons $D_0 = 0.5^{mm}$, on aura U_0 environ de 7^m, $G_0 = 0.63$ et $x = 1^0.6$.

§ 30. Systèmes de vent mobiles.

Quand le minimum ou le maximum barométrique change de position suivant la surface de la terre, le système de vent est dit *mobile*. Le transport du minimum ou du maximum barométrique est accompagné du transport du courant vertical ascendant ou descendant, et la cause en est due à l'hétérogénéité de l'air qui entre au minimum barométrique soit à la surface de la terre soit aux couches supérieures. L'air alimentaire entrant produit un courant vertical nouveau en même temps que l'air remplissant supprime le courant existant, et par conséquent le courant vertical se meut devant le minimum barométrique et produit son transport. Quand le minimum barométrique est situé aux couches supérieures, son transport est accompagné par le transport du maximum barométrique à la surface de la terre et inversement.

Dans un système de vent mobile la pression à un point quelconque varie avec le temps et cette variation de la pression est intimement liée à la vitesse de propagation du minimum barométrique ou de l'espace calme.

Soient x et y les coordonnées d'un point quelconque, ξ et η les coordonnées de l'origine mobile qui représente le minimum barométrique, on peut géneralement poser la pression

$$p = f(x - \xi, \eta - y, t).$$

En différentiant on aura

$$\frac{dp}{dt} = \frac{dp}{d\xi}\frac{d\xi}{dt} + \frac{dp}{d\eta}\frac{d\eta}{dt} + \left[\frac{dp}{dt}\right]. \qquad (1)$$

Fig. 18.

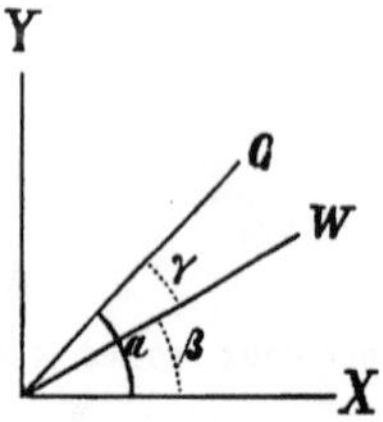

Désignons la vitesse de propagation par W et son angle avec l'axe OX par β, le gradient par G et l'angle de la direction de celui-ci avec l'axe de X par α, nous avons

$$W\cos\beta = \frac{d\xi}{dt}; \quad W\sin\beta = \frac{d\eta}{dt};$$

$$\mu\, G\cos\alpha = -\frac{dp}{dx} = \frac{dp}{d\xi}; \quad \mu\, G\sin\alpha = -\frac{dp}{dy} = \frac{dp}{d\eta}.$$

En substituant ces valeurs on aura

$$\frac{dp}{dt} = \mu\, G\, W\cos(\alpha - \beta) + \left[\frac{dp}{dt}\right].$$

Désignons l'angle entre G et W par γ et soit δ la variation totale de la pression à un point quelconque (exprimée en millimètres par heure) et δ_0 la variation de la pression, si le système est immobile, on a

$$\left.\begin{aligned} \frac{dp}{dt} &= \frac{10333}{760}\cdot\frac{1}{3600}\,\delta \\ \left[\frac{dp}{dt}\right] &= \frac{10333}{760}\cdot\frac{1}{3600}\,\delta_0 \end{aligned}\right\}. \qquad (2)$$

Substituant ces valeurs on aura

$$\delta = \delta_0 + 0.0324\; G\, W\cos\gamma. \qquad (3)$$

Si la pression reste invariable à l'origine mobile, on a

$$\delta_0 = 0 \quad \text{et par suite}$$

$$\delta = 0.0324\; G\, W\cos\gamma. \qquad (4)$$

Au bord antérieur d'une cyclone l'angle $\gamma > \pi$ et par conséquent δ est négative et la pression décroît; au bord postérieur $\gamma < \pi$ et la pression augmente.

Exemple. Regardons une cyclone mobile dont la pression du centre est constante et dont la vitesse de propagation est assez petite pour qu'on puisse considérer le mouvement du système comme un transport géometrique des isobares; enfin nous supposons que le rayon d'action soit assez grand et la vitesse maximum assez petite pour qu'on puisse appliquer le même rapport entre le gradient et la vitesse qu'au mouvement rectiligne. A la station A on

Fig. 19.

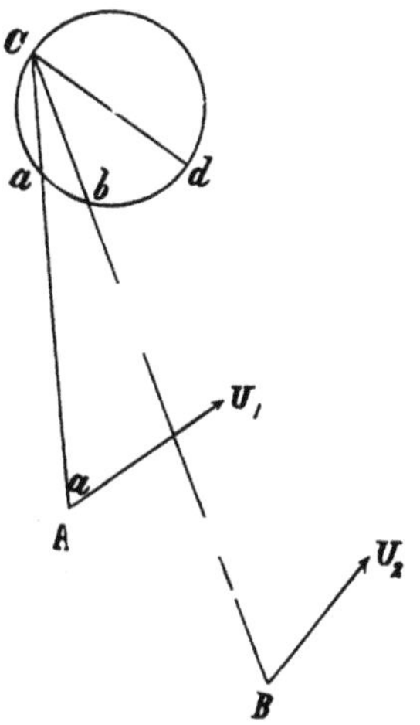

a observé la vitesse $U_1 = 12^m$ et la variation de la pression $\delta_1 = -0.5^{mm}$, à la station B on a observé $U_2 = 8^m$ et $\delta_2 = -0.4^{mm}$. Posons la latitude moyenne égale à 60° et le coefficient du frottement $k = 0.00006$, on aura l'angle normal $\alpha = 64.^\circ6$ et le rapport $G : U = 0.15$. Par l'équation (4) on trouvera en substituant $G_1 = 1.8^{mm}$ et $G_2 = 1.2^{mm}$, $W_1 \cos\gamma_1 = -8.6^m$ et $W_2 \cos\gamma_2 = -10.3^m$. Soient $A\,U_1$ et $B\,U_2$ les directions des vitesses, c'est à dire les directions *vraies des courants d'air*, lesquelles sont différentes des directions observées par les girouettes, à cause des valeurs différentes du frottement dans le sein du courant d'air et à la surface de la terre (voir § 34), et faisons $\angle U_1 A C = \angle U_2 B C = \alpha$, le point d'intersection C est l'origine mobile où l'endroit du minimum barométrique. Menons $Ca = W \cos\gamma_1$ et $Cb = W\cos\gamma_2$ et construisons un cercle par les trois points a, b et C, le diamètre Cd représente la vitesse de propagation W en direction et en grandeur.

§ 31. Vitesse de propagation d'une cyclone.

Comme nous venons de l'expliquer, le mouvement du minimum barométrique est dû à l'hétérogénéité de l'air. Au bord antérieur de la cyclone l'air alimentaire, dont la température soit τ_1 entre et produit un abaissement de la pression que nous désignons par δ_1. Au bord postérieur de la cyclone l'air remplissant dont la température soit τ_2, entre et produit un accroissement de la pression dont la valeur soit δ_2. L'air de la partie centrale de la cyclone a la température τ et on a $\tau_1 > \tau > \tau_2$. D'après l'équation (4) du § 27 nous posons

Fig. 20.

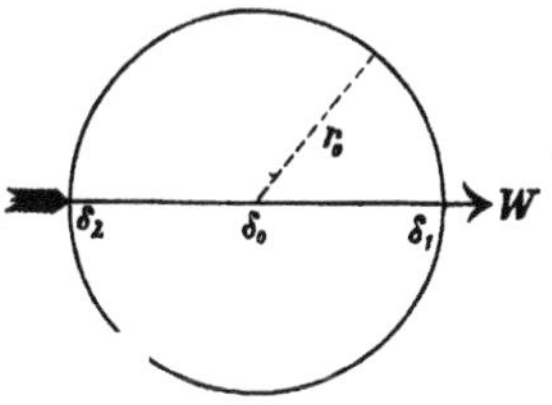

$$\delta_1 = 0.18\,\frac{U_0 \cos\psi_0}{r_0}(\tau - \tau_1) \qquad (1)$$

$$\delta_2 = 0.18\,\frac{U_0 \cos\psi_0}{r_0}(\tau - \tau_2). \qquad (2)$$

En désignant la variation de la pression au centre par δ_0 et en supposant que cette variation ait lieu à tous les points, on peut substituer successivement dans les équations (3) du § 30 $\gamma = \pi$ et $\gamma = 0$; alors on aura

$$\delta_1 = \delta_0 - 0.0324\, G_0\, W \qquad (3)$$

$$\delta_2 = \delta_0 + 0.0324\, G_0\, W. \qquad (4)$$

En éliminant entre ces 4 équations on trouvera

$$\delta_0 = 0.18 \frac{U_0 \cos \psi_0}{r_0} \left(\tau - \frac{\tau_1 + \tau_2}{2} \right) \tag{5}$$

$$W = 2.78 \frac{U_0}{G_0} \cos \psi_0 \cdot \frac{\tau_1 - \tau_2}{r_0} \tag{6}$$

Si l'on a $\tau = \frac{1}{2}(\tau_1 + \tau_2)$, la pression au centre reste constante; si τ est plus grande que la moyenne de τ_1 et τ_2, la pression au centre augmente, et si τ est moindre que la moyenne, la pression au centre diminue.

Posons par exemple: $U_0 = 30^m$, $\psi_0 = 72^\circ.4$, $r_0 = 4^\circ$, $G_0 = 6.5^{mm}$, $\tau_1 - \tau_2 = 10^\circ$, on a W environ 10^m.

Pour $U_0 = 50^m$, $\psi_0 = 74^\circ.7$, $r_0 = 0^\circ.1$, $G_0 = 246^{mm}$, $\tau_1 - \tau_2 = 2^\circ$, on a W environ 3^m.

Dans les cyclones des zones tempérées le rayon r_0 est généralement assez grand pour qu'on puisse approximativement calculer le rapport $U_0 : G_0$ par les formules déduites des isobares rectilignes. Dans ce cas la grandeur $2.78 \frac{U_0}{G_0} \cos \psi_0$ dépend de la latitude Θ et du coefficient du frottement k. En désignant cette grandeur par B on a $W = B \frac{\tau_1 - \tau_2}{r_0}$.

La valeur de B est donnée dans le tableau que voici

$k =$	0.00002	0 00004	0.00006	0.00008	0.00010
			$\Theta = 50^\circ$		
$B =$	4.0	7.3	9.6	10.9	11.5
			$\Theta = 60^\circ$		
$B =$	3.2	5.9	7.9	9.2	10.0.

Quant à la direction de la propagation d'un minimum barométrique, elle dépend de la trajectoire de l'air alimentaire. Soit cc' la direction de la vitesse de propagation W, le minimum barométrique se meut de c à c' dans un temps infiniment petit dt; en même temps une particule de l'air alimentaire se meut de a à a' avec la vitesse U. Menons $cb \# c'a'$, $a'b \# cc'$, $a'd \perp ac$, $be \perp ac$ et $bf \# ac$.

Fig. 21.

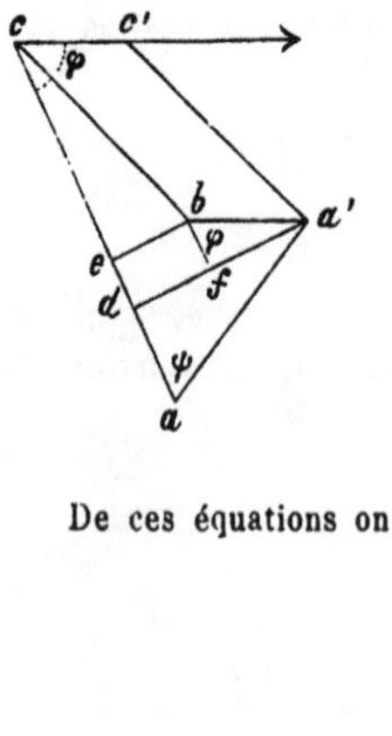

Posons $cc' = d\sigma$, $aa' = ds$, $ca = r$, $c'a' = r + dr$,

$$\angle c'ca = \varphi, \quad \angle caa' = \psi,$$

on a

$$\angle acb = -d\varphi, \quad ea = -dr$$
$$ad = ae - bf$$
$$a'd = be + a'f.$$

En substituant les valeurs de ces grandeurs on trouvera

$$\left. \begin{aligned} \cos \psi \, ds &= -dr - \cos \varphi \, d\sigma \\ \sin \psi \, ds &= -r \, d\varphi + \sin \varphi \, d\sigma \end{aligned} \right\} \tag{7}$$

De ces équations on tirera en substituant

$$ds = U dt \quad \text{et} \quad d\sigma = W dt$$

$$\frac{dr}{r\,d\varphi} = \frac{U\cos\psi + W\cos\varphi}{U\sin\psi - W\sin\varphi}$$

et par suite $$U\sin\psi\,dr - Ur\cos\psi\,d\varphi = W\,d\,(r\sin\varphi) \qquad (8)$$

Supposons qu'on ait $Ur\cos\psi$ constante et que l'angle ψ soit constant égal à α comme aux cyclones permanentes, on aura par intégration en déterminant les constantes arbitraires de sorte que $\varphi = 0$ pour $r = r_0$,

$$U_0\,r_0\cos\alpha\left[\text{tang}\ \alpha\ \text{log. nat.}\left(\frac{r}{r_0}\right) - \varphi\right] = Wr\sin\varphi. \qquad (9)$$

Par cette équation on peut déterminer l'angle φ que l'air alimentaire parcourt pour arriver au bord intérieur de la cyclone.

Les équations que nous venons de développer s'appliquent aussi à l'anticyclone en considérant les couches supérieures où le minimum barométrique a lieu.

Premier exemple $\frac{r}{r_0} = 6$; $\varphi = 20^0$.

Par l'équation (9) on calculera

pour $\alpha =$	40^0	50^0	60^0	70^0
$\frac{W}{U_0} =$	0.44	0.57	0.68	0.77.

Ce cas s'applique aux cyclones qui se meuvent à peu près parallèles à la couche alimentaire et où l'air alimentaire parcourt un angle très petit pour arriver à la partie intérieure.

Sur l'hémisphère *boréal* le vent dévie à droite et tourne autour du centre contre le soleil et par conséquent la cyclone se meut autour de la couche alimentaire *avec* le soleil. Voir fig. 22. Sur l'hémisphère *austral* le phénomène est inverse.

Fig. 22.

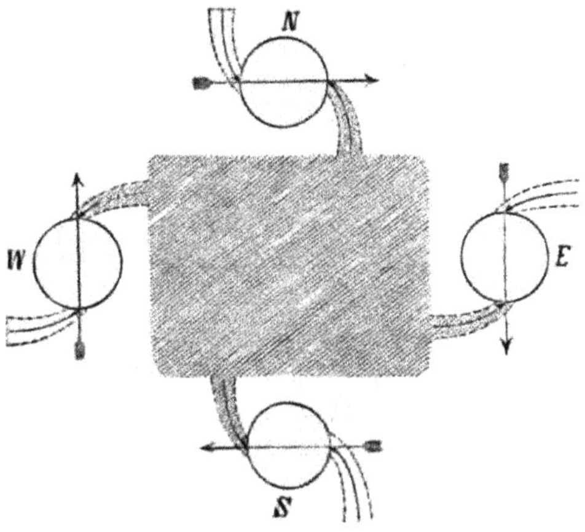

Quand la cyclone passe par un point, la température augmente d'abord et pendant le passage du centre elle s'abaisse (voir la fig. 23). Les isothermes moyennes ou normales ne s'écartant en général pas beaucoup de la direction des parallèles du globe terrestre, on doit s'attendre à ce que la cyclone se trouve au sud de l'air remplissant et au nord de l'air alimentaire et qu'ainsi elle se meuve en général de l'Ouest à l'Est.

Fig. 23.

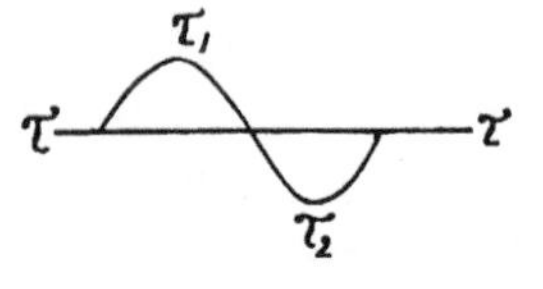

Fig. 24.

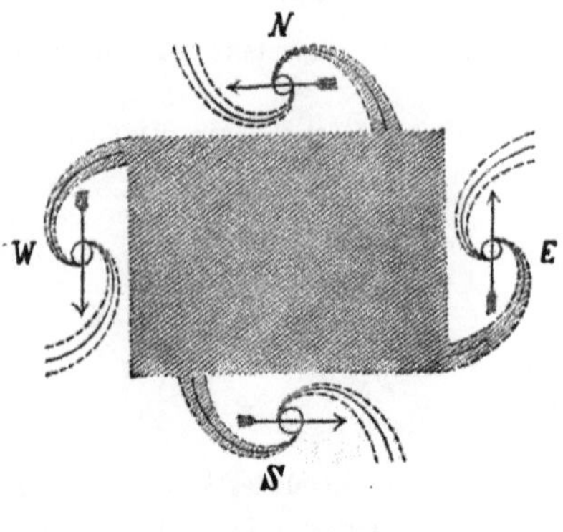

Fig. 25.

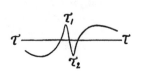

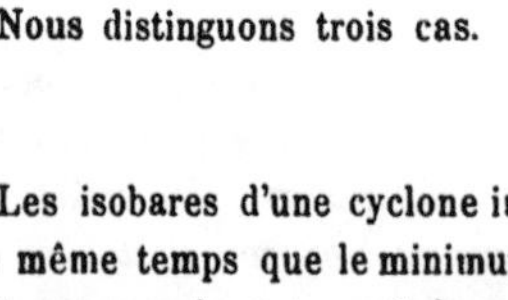

Deuxième exemple. Posons $\frac{r}{r_0} = 10$ et $\varphi = 200^0$.

Nous trouverons par l'équation (9)

pour	$\alpha =$ 40°	45°	50°	55°
	$\frac{W}{U_0} =$ 0.35	0.25	0.14	0.03.

Dans ce cas-là la cyclone se meut aussi à peu près parallèlement à la couche alimentaire, mais l'air alimentaire parcourt environ une demi-révolution pour arriver à la partie intérieure. Sur l'hémisphère boréal la cyclone se meut donc autour de la couche alimentaire *contre* le soleil et inversement sur l'hemisphère austral. Quand la cyclone passe par un point, la température s'abaisse d'abord et puis augmente et pendant le passage du centre elle s'abaisse de nouveau pour augmenter enfin (voir la fig. 25).

Les cyclones des régions intertropiques, au moins quelques-unes décrites par les mètéorologistes des Indes orientales, semblent appartenir à la dernière classe. D'alleurs les observations thermométriques et hygrométriques dans les cyclones des basses latitudes sont malheurensement trop rares encore pour qu'il soit possible de déterminer la position de la couche alimentaire et la grandeur de l'arc parcouru par l'air alimentaire avant qu'il commence à ascendre dans la partie antérieure du cercle intérieur.

§ 32. Isobares d'une cyclone variable.

Nous distinguons trois cas.

1° *Cyclone immobile.*

Les isobares d'une cyclone immobile sont des cercles concentriques qui changent de grandeurs en même temps que le minimum barométrique varie. Les courbes *d'égale variation de pression* sont par conséquent aussi des *cercles concentriques.* La variation de la pression δ_0 est une fonction de la distance r. On peut approximativement déterminer la variation en calculant deux cyclones dont les paramètres sont différents. Par exemple supposons que le rayon r_0 soit le même et que la vitesse maximum U_0 diminue pendant un certain temps. Par les formules des §§ 13 et 14 nous avons calculé les tableaux suivants, en posant $\Theta = 50^0$ et $k = 0.00010$.

	Première cyclone			Seconde cyclone		
r	U	G	$b - b_0$	U	G	$b - b_0$
	m	mm	mm	m	mm	mm
0°	0.0	0.00	0.00	0.0	0.00	0.00
2	6.0	0.97	0.97	5.6	0.90	0.90
4	12.0	1.93	3.87	11.2	1.78	3.59
6	18.0	2.90	8.70	16.8	2.69	8.06
7	20.0	3.30	11.80	19.0	3.17	11.00
8	18.7	3.16	15.03	17.7	3.00	14.10
10	15.0	2.55	20.78	14.2	2.41	19.52
12	12.5	2 07	25.38	11.8	1.96	23.86
14	10.7	1.75	29.19	10.1	1.65	27.45
16	9.4	1.52	32.44	8.9	1.43	30.52
18	8.3	1.34	35.29	7.9	1.26	33.21
20	7.5	1.20	37.87	7.1	1.13	35.60

Supposons que le rayon d'action de ces cyclones soit environ de 20° et qu'à cette distance la pression absolue soit de 760^{mm}. La pression au centre b_0 est donc dans la première cyclone de 722.13^{mm} et dans la seconde de 724.40^{mm}, et l'accroissement de la pression au centre est de 2.27^{mm} en même temps que la vitesse maximum a diminué de 1^{m}. En ajoutant b_0 à $b - b_0$ on trouvera la pression b et par suite on calculera l'accroissement de la pression à chaque distance r. Supposons que le changement ait lieu pendant 4 heures, on trouvera la variation δ_0 en divisant les accroissements par 4.

Fig. 26.

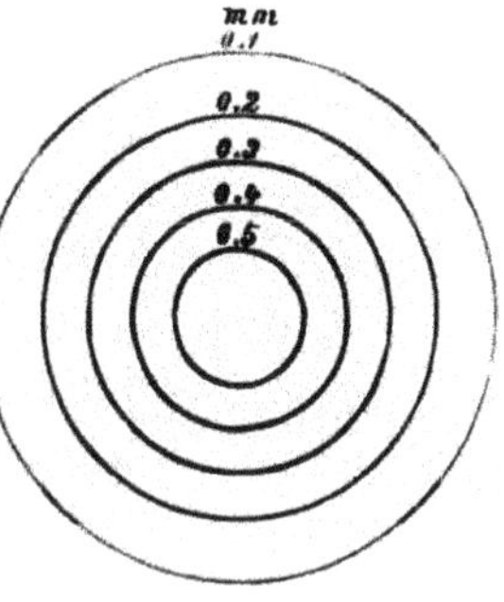

r	δ_0	r	δ_0	r	δ_0	r	δ_0
	mm		mm		mm		mm
0°	0.57	6°	0.41	10°	0.25	16	0.09
2°	0.55	7	0.37	12	0.19	18	0.05
4°	0.50	8	0.33	14	0.13	20	0.00

En construisant une courbe $\delta_0 = f(r)$ on déterminera facilement la distance r pour $\delta_0 = 0$, 1, 0.2 etc., et on peut construire les courbes d'égale variation (voir la fig. 26).

2° Cyclone mobile à pression constante au centre.

Quand la pression au centre reste constante, la variation de la pression est déterminée par l'équation (4) du § 30 et on a.

$$\delta = 0.0324\ G\ W \cos\gamma.$$

Supposons que la vitesse de propagation W soit constante. En posant $\gamma = \frac{\pi}{2}$ on a $\delta = 0$, c'est à dire, *la courbe de variation nulle est une droite qui passe par le centre et qui est perpendiculaire à la direction de la propagation du centre.*

En posant $\gamma = 0$ et $\gamma = \pi$, et de plus $G = G_0$ on obtient les valeurs maxima de δ, lesquelles par conséquent tombent à deux points à la distance r_0 du centre suivant la trajectoire de la cyclone.

Les courbes d'égale variation se déterminent en général par l'équation

$$G \cos \gamma = \text{constante}.$$

On construira facilement ces courbes à l'aide de la courbe du gradient.

Dans la partie intérieure, on a l'équation

$$G = G_1 r$$

Fig. 27.

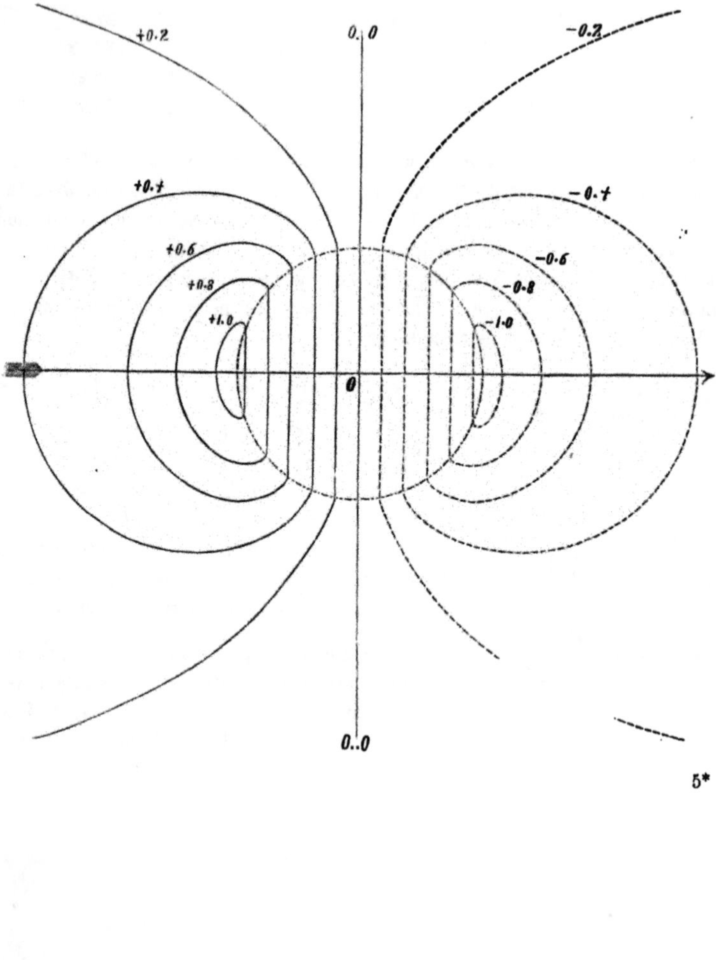

et les courbes d'égale variation se mettent sous la forme

$$r \cos \gamma = \text{const.}$$

Elles représentent *des droites* perpendiculaires à la direction de la propagation.

A l'aide des valeurs de G inscrites dans le tableau précédent nous avons construit, pour toutes les 0.2^{mm}, les courbes de la fig. 27, en supposant $W = 10^m$.

Si l'on veut construire les courbes d'égale variation de pression pour un temps quelconque, on peut construire les deux systèmes d'isobares par rapport aux temps donnés et puis déterminer graphiquement les courbes d'égale variation. Il est évident qu'en choisissant deux instants assez éloignés pour que la distance des centres excède le diamètre d'action $2r$, les courbes d'égale variation et les isobares elles-mêmes sont identiques, et que les variations maxima sont les centres des deux systèmes d'isobares.

3° Cyclone mobile à pression variable au centre.

Quand la pression au centre varie, la variation de la pression se détermine par l'équation (3) du § 30 et on a

$$\delta = \delta_0 + 0.0324\ G\ W \cos \gamma.$$

La variation δ_0 qui est une fonction de r, se détermine comme nous avons montré dans le premier cas où le système reste immobile. Posons $W = 10^m$ et introduisons les valeurs de G et de δ_0 inscrites dans le tableau du premier cas, nous trouverons

	δ						
r	$\gamma = 0°$	30°	60°	90°	120°	150°	180°
	mm	mm	mm	mm	mm	mm	mm
2	0.86	0.82	0.71	0.55	0.39	0.28	0.24
4	1.13	1.04	0.81	0.50	0.19	—0.04	—0.12
6	1.35	1.22	0.88	0.41	—0.06	—0.40	—0.53
7	1.44	1.29	0.90	0.37	—0.16	—0.55	—0.70
8	1.35	1.22	0.84	0.33	—0.18	—0.56	—0.69
10	1.08	0.97	0.66	0.25	—0.16	—0.47	—0.58
12	0.85	0.77	0.53	0.19	—0.15	—0.39	—0.48
14	0.70	0.62	0.41	0.13	—0.15	—0.36	—0.44
16	0.58	0.52	0.34	0.09	—0.14	—0.34	—0.40
18	0.48	0.43	0.27	0.05	—0.17	—0.33	—0.38
20	0.39	0.34	0.19	0.00	—0.19	—0.34	—0.39.

A l'aide de ce tableau nous avons construit pour toutes les 0.2^{mm} les courbes d'égale variation de la fig. 28.

Fig. 28.

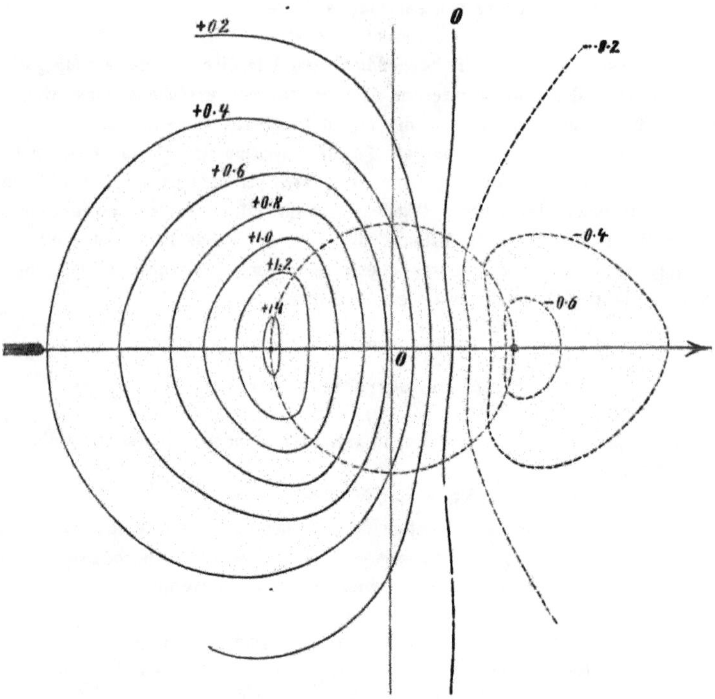

On peut aussi déterminer les courbes d'égale variation en construisant les deux systèmes d'isobares aux instants donnés.

§ 33. Isothermes des systèmes de vent.

Les systèmes de vent permanents exigent une *température uniforme* de l'air qui entre au minimum barométrique. En supposant que la température de l'air varie avec la pression à cause de la surface de la terre, il est évident qu'une cyclone permanente doit avoir des *isothermes circulaires* autour de son centre. En outre, le système d'isothermes doit être permanent lui-même.

Si nous regardons une cyclone variable et *immobile*, les isothermes doivent être circulaires autour du minimum barométrique, mais elles peuvent varier avec le temps, de sorte que *les courbes d'égale variation de température soient des cercles concentriques autour du centre de* la cyclone.

Dans le cas général où les isothermes ont d'abord une situation quelconque, le système de vent est mobile, et la trajectoire du minimum barométrique dépend de la situation des isothermes avant que le mouvement commence.

Les isothermes suivant la surface de la terre appartiennent aux particules d'air qui se meuvent sans vitesse verticale. Les trajectoires des particules d'air qui restent toujours à la surface de la terre se mettent sous la forme

$$\left.\begin{aligned} x &= x_0 + f(t) \\ y &= y_0 + g(t) \end{aligned}\right\} \qquad (1)$$

en prenant l'axe de X et de Y suivant la surface de la terre et en désignant le temps par t. Soit l'équation des isothermes pour le temps $t = 0$,

$$F(x_0, y_0) = 0. \qquad (2)$$

Si nous supposons que les *particules d'air maintiennent leurs températures* pendant le mouvement, on détermine les équations des isothermes à un moment quelconque en éliminant x_0 et y_0 entre les équations (1) et (2)

Si au contraire la température d'une particule d'air varie, soit parce que la pression change sa valeur soit par ce que la surface de la terre produit un échauffement ou un refroidissement, on est obligé de regarder la température dépendante du temps en même temps que la particule se meut. Le problème sera très-compliqué et sa solution peut être effectuée approximativement par la méthode graphique en construisant les trajectoires des particules d'air et en y poursuivant les variations de la température dues à la pression et à la surface de la terre.

Premier exemple. Les trajectoires soient des droites parallèles à $a\,b$ (fig. 29) et la vitesse soit constante. Leurs équations se mettent sous la forme

$$x = x_0 + a\,t; \quad y = y_0 + b\,t.$$

Supposons que les isothermes au temps zéro soient des droites parallèles à l'axe $O\,Y$, leurs équations se mettent sous la forme

$$x_0 = f(\tau).$$

Fig. 29.

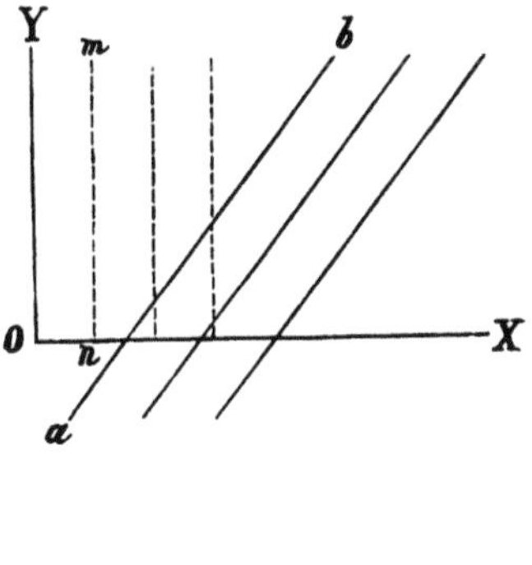

En éliminant x_0 on aura

$$x = f(\tau) + a\,t,$$

équation qui représente une série de droites parallèles à l'axe $O\,Y$. On conclut donc qu'une isotherme $m\,n$ se meut parallèle à elle même.

Deuxième exemple. Les trajectoires soient des spirales logarithmiques représentées par les équations

$$r^2 = r_0^2 - 2\,a\,t$$

$$\varphi = \varphi_0 - \text{tang}\,\alpha \log.\text{nat.}\left(\frac{r}{r_0}\right).$$

dans lesquelles nous avons

$$r \frac{dr}{dt} = -a = r\,U \cos \psi.$$

Fig. 30.

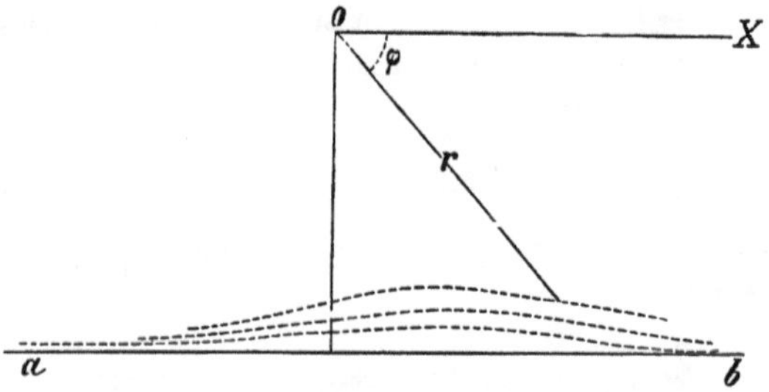

Supposons que les isothermes pour le temps zéro soient des droites parallèles à l'axe OX. L'équation d'une isotherme $a\,b$ (fig. 30) se met sous la forme

$$r_0 \sin \varphi_0 = f(\tau).$$

En éliminant r_0 et φ_0 nous trouverons

$$\sin\left(\varphi + \tfrac{1}{2} \operatorname{tang} \alpha \log.\,\text{nat.} \frac{r^2}{r^2 + 2\,a\,t}\right) = \frac{f(\tau)}{\sqrt{r^2 + 2\,a\,t}}.$$

Regardons la cyclone du § 32, où l'on a $\alpha = 48^0$. La valeur de a est $U\,r \cos \alpha$, et en introduisant des heures et des degrés du méridien on aura

$$a = 150.\cos 48^0 . \frac{60 \times 60 \times 9}{10^6} = 3.25.$$

Pour l'isotherme $a\,b$ $f(\tau) = 12^0$ et nous avons calculé sa position au bout de 2, 4 et 6 heures.

Au lieu de déterminer le mouvement des isothermes on peut étudier la variation de la température et construire des *courbes d'égale variation.* Dans un temps assez court le centre de la cyclone passe de O' à O'' (fig. 31) et nous regardons la position moyenne O. Une particule d'air parcourt le chemin $ab = ds$ et nous supposons qu'elle maintienne sa température. Alors la température au point b sera changée et l'accroissement de la température $d\,\tau$ sera égale à la différence de la température entre les isothermes qui passent par a et par b. Appelons la variation de la température pour un degré du méridien mesurée perpendiculairement à l'isotherme suivant la direction où la température diminue, le *gradient thermométrique.* Soit ac la direction du gradient thermométrique J, et menons $b\,c \perp a\,c$, la température est la même en b et en c et l'accroissement de la température de a à b est de $J \frac{a\,c}{1^0}$. En introduisant $a\,c = d\,s \cos y$ et la valeur de 1^0, on a

Fig. 31.

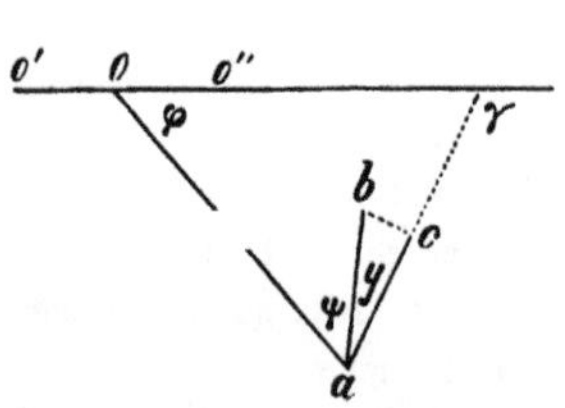

$$d\tau = \frac{9}{10^6} J \cos y\, ds.$$

Désignons la variation de la température par heure par i, on a

$$i = 3600 \cdot \frac{d\tau}{dt}.$$

En remarquant que $U = \frac{ds}{dt}$, on trouvera

$$i = 0.0324\, J\, U \cos y.$$

L'angle y dépend de l'angle γ entre le gradient thermométrique et l'axe et on a

$$\gamma = \varphi + \psi + y.$$

Par conséquent on trouvera

$$i = 0.0324\, J\, U \cos(\varphi + \psi - \gamma). \qquad (3)$$

A l'aide de cette équation' on peut construire des courbes d'égale variation de température. En supposant γ constante on aura pour $i = 0$,

$$\varphi = \frac{\pi}{2} - \psi + \gamma = \text{constante}.$$

La courbe de variation nulle est une droite qui passe par le centre de la cyclone.

Il est évident qu'il existe une relation entre la vitesse de propagation W et le gradient thermométrique J. Selon l'équation (6) du § 31 on a

$$W = 2.78 \frac{U_0}{G_0} \cos \psi_0 \frac{\tau_1 - \tau_2}{r_0}$$

La valeur moyenne du gradient thermométrique (voir la fig. 20) est approximativement:

$$J = \frac{\tau_1 - \tau_2}{2\, r_0}. \qquad (4)$$

et par suite

$$W = 5.56 \frac{U_0 \cos \psi_0}{G_0} \cdot J. \qquad (5)$$

On a donc dans les exemples page 31

$$W : J = 2\, B.$$

Troisième exemple. Les isothermes soient des droites parallèles. Regardons une cyclone et distinguons la partie intérieure où l'on a $U = U_1 r$ et la partie extérieure où l'on a $Ur = m$. En substituant ces valeurs dans l'équation (3) on trouvera pour la partie intérieure

Fig. 32.

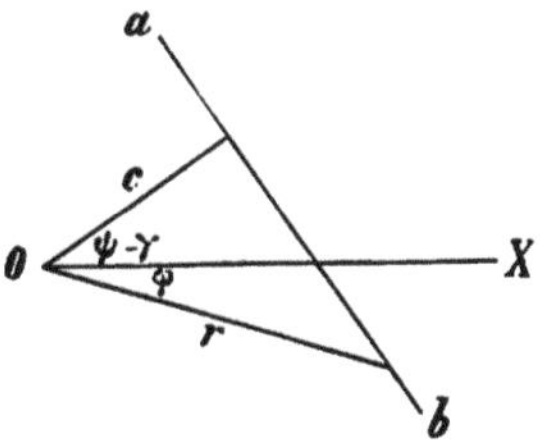

$$r \cos(\varphi + \psi - \gamma) = \frac{i}{0.0324\, U_1\, J} = c,$$

ce qui représente *une droite* $a\,b$ à la distance c de l'origine, et l'angle entre l'axe $O\,X$ et la perpendiculaire c est $\psi - \gamma$.

Pour la partie extérieure on trouvera

$$r = \frac{0.0324\, m\, J}{i} \cos(\varphi + \psi - \gamma),$$

Fig. 33.

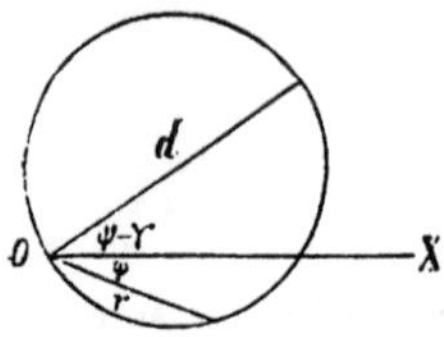

ce qui représente un cercle par l'origine et dont le diamètre $d = \frac{0.0324\ m\ J}{i}$ forme l'angle $\psi - \gamma$ avec l'axe $O\,X$.

Regardons la cyclone du § 32, nous avons $\psi = 48^0$, $U_1 = 3^m$, $m = 150$. Posons $J = 1$ et $\gamma = 60^0$, on aura $\psi - \gamma = -12^0$, ce qui signifie que la perpendiculaire c et le diamètre d tombent au-dessous de l'axe $O\,X$. En substituant $i = 0.2$, 0.4 etc., on trouvera les courbes de la fig. 34, où ab représente la direction des isothermes.

Fig. 34.

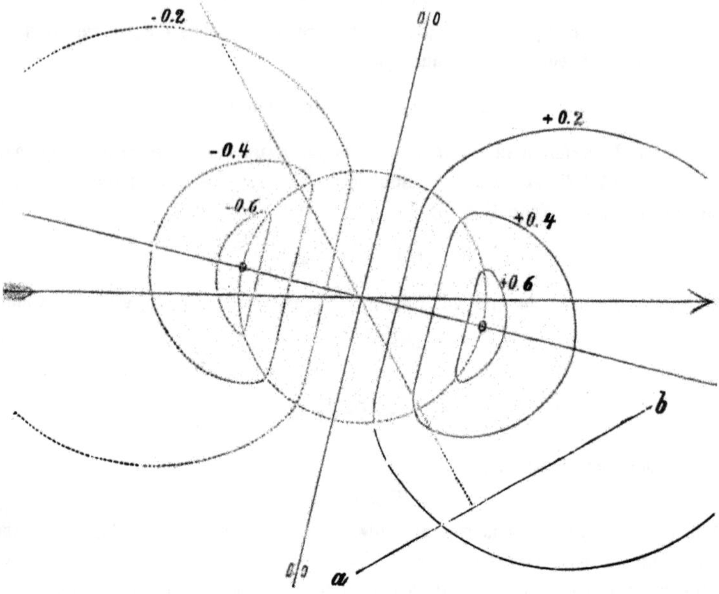

. - ieme.

Systèmes de vent dans la nature.

§ 34. Action de la surface de la terre.

Les systèmes de vent montrent dans la nature plusieurs anomalies des systèmes idéaux que nous venons de considérer. C'est surtout la surface de la terre avec ses inégalités qui produit les perturbations les plus grandes. Pour prendre un exemple extrême, regardons une vallée, c'est à dire un canal découvert dans la croûte de la terre, il est evident que le vent suit la direction du canal, quelle que soit la direction du gradient aux couches au-dessus de la vallée.

Généralement on doit s'attendre à ce que l'angle ψ entre le gradient et la direction du vent aux stations météorologiques situées à la surface de la terre, diffère de l'angle théorique, parce que la valeur du frottement dépend des inégalités du terrain environnant. On doit donc ajouter une correction locale $\Delta\psi$ qui se détermine par des observations. Nous croyons que la détermination de cette correction est d'une grande importance pour prédire la marche des systèmes de vent.

Quand un système de vent s'étend sur une grande partie de la surface de la terre, la variation de la latitude produit des perturbations de l'angle normal, et une perturbation de cet angle agit aussi sur le système des isobares.

Quand la surface de la terre suivant laquelle le système de vent a lieu, offre des inégalités, le coefficient du frottement varie. La variation du coefficient du frottement d'un point à un autre produit des perturbations de l'angle entre le gradient et le vent et par suite le système d'isobares sera déformé.

Exemple. Regardons une cyclone dont la moitié se trouve sur la terre et la moitié sur la mer. L'équation de continuité reste indépendante du coefficient du frottement et de la latitude, et il faut poser pour la partie extérieure où le courant est regardé comme horizontal

$$U_1\, r_1 \cos\alpha_1 = U_2\, r_2 \cos\alpha_2.$$

Supposons que le rayon de la partie ascendante soit de 7° et calculons les diverses courbes comme nous l'avons montré dans les §§ 12 et 14, nous trouverons pour la partie de la cyclone:

	sur la terre	sur la mer
Latitude moyenne	50°	60°
Coefficient du frottement	0.00010	0.00005
Angle normal	48° 10′	68° 24′
Vitesse maximum	20ᵐ	30.7ᵐ
Gradient maximum	3.30ᵐᵐ	5.34ᵐᵐ.

Pour	$b - b_0 = 5^{mm}$	$r =$	4.°6	3.°2
	10		6.4	4.3
	15		8.0	5.4
	20		9.7	6.3
	25		11.7	7.2
	30		14.4	8.2
	35		17.7	9.2.

A l'aide de ces valeurs prises des courbes de la pression nous avons construit le système d'isobares suivant.

Fig. 35.

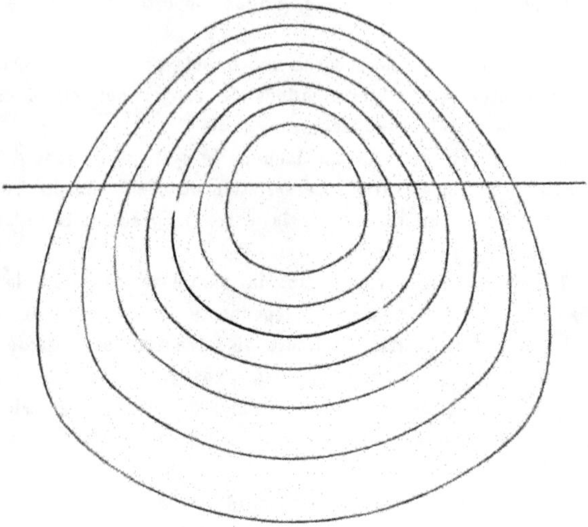

§ 35. Action du mouvement du système de vent.

Dans les exemples précédents nous avons considéré le mouvement d'un système de vent sous l'hypothèse que le système se transportât en conservant sa forme inaltérée. Mais cette hypothèse n'est pas exacte. Une cyclone mobile ne transporte pas son système d'isobares de la même manière qu'un système de cercles se transporte géométriquement. Nous allons considérer le cas général où la cyclone est mobile et variable par rapport à la pression du centre. On peut donc à l'aide des équations suivantes déterminer directement les variations de la pression δ_0 et δ que nous avons déjà déduites d'une autre manière moins précise dans les §§ 30 et 32.

Partie extérieure.

Regardons un courant horizontal, les équations du mouvement (voir le § 19) se mettent sous la forme

$$\frac{1}{\rho}\frac{dp}{dx} = -2\,\omega \sin\Theta\, v - k\,u - \frac{du}{dt} - u\frac{du}{dx} - v\frac{du}{dy}. \tag{1}$$

$$\frac{1}{\rho}\frac{dp}{dy} = 2\,\omega \sin\Theta\, u - k\,v - \frac{dv}{dt} - u\frac{dv}{dx} - v\frac{dv}{dy}. \tag{2}$$

Soient ξ et η les coordonnées de l'origine mobile et supposons que les vitesses u et v se mettent sous la forme

$$u = \frac{M(x-\xi) + N(y-\eta)}{r^2} \tag{3}$$

$$v = \frac{M(y-\eta) - N(x-\xi)}{r^2} \tag{4}$$

où $$r^2 = (x-\xi)^2 + (y-\eta)^2.$$

Ici M et N comme ξ et η sont des fonctions du temps t et nous désignons leurs dérivées par rapport à t par M', N', ξ', η'.

On voit facilement que les conditions pour que $\frac{d^2p}{dy\,dx} = \frac{d^2p}{dx\,dy}$, soit satisfaite, quand on a $\frac{du}{dy} = \frac{dv}{dx}$ en même temps que l'équation de continuité $\frac{du}{dx} + \frac{dv}{dy} = 0$ est remplie.

La vitesse horizontale absolue U est déterminée par

$$U^2 = u^2 + v^2 = \frac{M^2 + N^2}{r^2}. \tag{5}$$

Posons $u = \frac{dF}{dx}$, $v = \frac{dF}{dy}$, nous aurons

$$F = M \log.\text{nat}.\, r + N \operatorname{arc}\left(\operatorname{tang} = \frac{x-\xi}{y-\eta}\right).$$

Posons $u = \frac{dF_1}{dy}$, $v = -\frac{dF_1}{dx}$, nous aurons

$$F_1 = N \log.\text{nat}.\, r - M \operatorname{arc}\left(\operatorname{tang} = \frac{x-\xi}{y-\eta}\right).$$

Les équations (1) et (2) se mettent sous la forme

$$\frac{1}{\rho}\frac{dp}{dx} = 2\,\omega\sin\Theta\,\frac{dF_1}{dx} - k\frac{dF}{dx} - \frac{d^2F}{dx\,dt} - \tfrac{1}{2}\frac{dU^2}{dx}$$

$$\frac{1}{\rho}\frac{dp}{dy} = 2\,\omega\sin\Theta\,\frac{dF_1}{dy} - k\frac{dF}{dy} - \frac{d^2F}{dy\,dt} - \tfrac{1}{2}\frac{dU^2}{dy}.$$

Par conséquent on a

$$\frac{p}{\rho} = 2\,\omega\sin\Theta\, F_1 - k\,F - \frac{dF}{dt} - \tfrac{1}{2}U^2 + C. \tag{6}$$

Posons
$$x - \xi = r \sin \varphi$$
$$y - \eta = r \cos \varphi$$

et substituons les valeurs de F et F_1, nous trouverons

$$\frac{p}{\rho} = [2\omega \sin \Theta N - k M - M'] \text{ log. nat. } r - [2\omega \sin \Theta M + k N + N'] \varphi + \frac{M \xi' - N \eta'}{r} \sin \varphi$$
$$+ \frac{M \eta' + N \xi'}{r} \cos \varphi - \tfrac{1}{2} U^2 + C. \qquad (7)$$

La condition par laquelle les isobares sont des courbes fermées, est que
$$2\omega \sin \Theta M + k N + N' = 0. \qquad (8)$$

L'équation (7) montre que les isobares ne sont pas des cercles: elles sont des courbes dépendantes de ξ' et η' qui sont les composantes de la vitesse de propagation. Le gradient ne tombe plus suivant le rayon r et l'angle ψ entre la vitesse et le gradient est différent de l'angle normal α.

Soit α' l'angle entre la vitesse U et le rayon r, on a (fig. 36) en combinant les équations (3) et (4) avec les équations précédentes

$$\text{tang } \alpha' = \text{tang } (\varphi - i) = \frac{\text{tang } \varphi - \frac{u}{v}}{1 + \frac{u}{v} \text{tang } \varphi} = - \frac{N}{M}. \qquad (9)$$

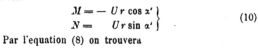

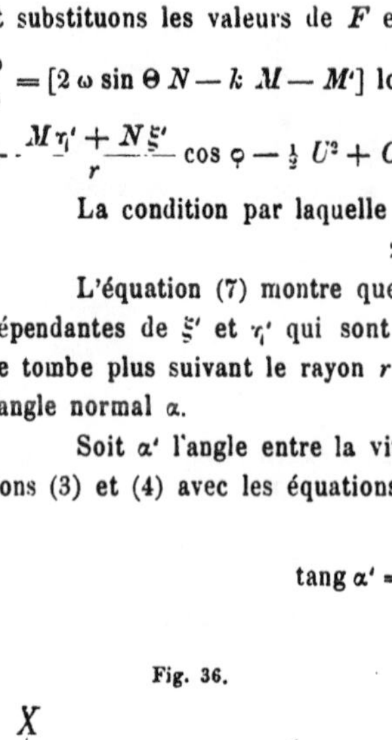

Fig. 36.

En déterminant M et N par les équations (5) et (9) on trouvera.

$$\left.\begin{aligned} M &= - U r \cos \alpha' \\ N &= U r \sin \alpha' \end{aligned}\right\} \qquad (10)$$

Par l'equation (8) on trouvera
$$\text{tang } \alpha' = \text{tang } \alpha + \frac{N'}{k M}. \qquad (11)$$

La dernière équation nous montre que même pour une cyclone immobile mais variable l'angle entre le gradient et le vent diffère de l'angle normal. Supposons qu'on ait $U r = 150$, $\alpha = 48^0$ et $k = 0.00010$, et par suite dans la cyclone constante $N = U r \sin \alpha = 111.5$. Dans une heure soit N augmentée à 115.1; alors on trouve $N' = 0.001$ et $\alpha' = 44.^07$. $U r$ est augmenté de 13.7 et la vitesse maximum d'environ 1.5^m.

Posons $\eta' = 0$ et $\xi' = W$, c'est à dire que la cyclone se propage avec une vitesse W et dans une direction constante, et regardons le cas spècial où M et N sont indépendantes du temps, $M' = 0$, $N' = 0$, les équations (5) et (7) montrent qu'alors U et p sont indépendantes du temps et par conséquent que la pression est constante au centre pendant la propagation, et nous avons de l'équation (11) $\alpha' = \alpha$ et

$$\frac{p}{\rho} = \frac{k U r}{\cos \alpha} \text{ log. nat. } r - \tfrac{1}{2} U^2 - \frac{W}{r} U r \sin (\varphi - \alpha) + C. \qquad (12)$$

Supposons qu'à la distance R la pression P reste constante et que la vitesse U puisse être négligée, l'équation s'écrit

$$\frac{P-p}{\varphi} = \frac{k\,U\,r}{\cos\alpha}\,\text{log. nat.}\,\frac{R}{r} + \tfrac{1}{2}\,U^2 + \frac{W}{r}\,U\,r\sin(\varphi-\alpha). \qquad (13)$$

L'action de la vitesse de propagation est donc représentée par le terme

$$\frac{W}{r}\,U\,r\sin(\varphi-\alpha)$$

Ce terme a sa valeur maximum pour

$$\varphi = 90^0 + \alpha$$

et par conséquent *l'isobare a son axe sous l'angle α avec la vitesse de propagation.* Dans la direction $o\,b$ perpendiculaire à l'axe $o\,a$ (fig. 37) le terme est zéro et la pression a la même valeur suivant cette direction que dans la cyclone stationnaire.

Fig. 37.

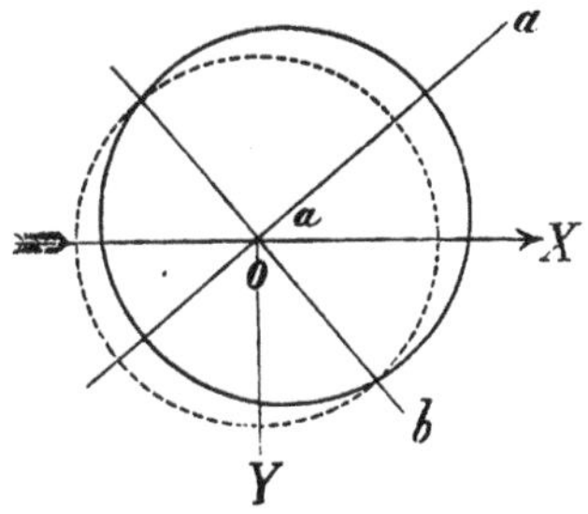

Pour déterminer l'angle ε entre le rayon r et le gradient, nous remarquons que le gradient est la normale de l'isobare et par conséquent

$$\tan g\,\varepsilon = \frac{d\,r}{r\,d\,\varphi} = -\frac{\left(\frac{d\,p}{d\,\varphi}\right)}{r\,\frac{d\,p}{d\,r}}. \qquad (14)$$

En supposant que N et M soient indépendantes du temps, on trouvera en différentiant l'équation (12)

$$\tan g\,\varepsilon = \frac{\frac{W}{r}\,U\,r\cos(\varphi-\alpha)}{\frac{k\,U\,r}{\cos\alpha} + U^2 + \frac{W}{r}\,U\,r\sin(\varphi-\alpha)}. \qquad (15)$$

Suivant l'axe de l'isobare où l'on a $\varphi = \alpha + 90^0$ ou $\varphi = \alpha - 90^0$, ε devient zéro. La valeur maximum de ε a lieu pour $\varphi = \alpha$ et on trouve

$$\tan g\,\varepsilon_m = \frac{W}{\frac{k\,r}{\cos\alpha} + U} \qquad (16)$$

On conclut donc que l'angle ψ entre le vent et le gradient a sa valeur minimum $\alpha - \varepsilon_m$ suivant $o\,b$ (fig. 37) au bord antérieur et sa valeur maximum $\alpha + \varepsilon_m$ suivant la direction opposée.

Partie intérieure.

Dans la partie intérieure (voir le § 14) nous avons supposé que la vitesse et le gradient diminuent proportionnellement au rayon et que l'angle β entre la direction du vent et celle du gradient est lié à l'angle normal α par l'équation

$$\tan g\,\alpha = \tan g\,\beta\left(1 - \frac{2\,U}{k\,r}\cos\beta\right).$$

Posons $$U_1 = \frac{U}{r}$$

$$G_1 = \frac{G}{r} = \frac{k}{\cos\beta}\frac{U}{r} - \left(\frac{U}{r}\right)^2.$$

Regardons une cyclone variable et supposons que les vitesses u et v se mettent sous la forme

$$\left.\begin{aligned} u &= M(x-\xi) + N(y-\eta) \\ v &= M(y-\eta) - N(x-\xi) \end{aligned}\right\}. \tag{17}$$

Il est évident que les conditions pour que les équations (1) et (2) soient intégrables sont satisfaites quand on a

$$\frac{d^2 p}{dx\,dy} = 0.$$

En introduisant u et v dans les équations (1) et (2) on trouvera la condition

$$2\,\omega \sin\Theta\, M + k\,N + 2\,M\,N + N' = o. \tag{18}$$

Posons $$S = 2\,\omega\sin\Theta\,N - k\,M - M^2 + N^2 - M', \tag{19}$$

nous aurons

$$\left.\begin{aligned} \frac{1}{\rho}\frac{dp}{dx} &= S(x-\xi) + M\xi' + N\eta' \\ \frac{1}{\rho}\frac{dp}{dy} &= S(y-\eta) + M\eta' - N\xi' \end{aligned}\right\} \tag{20}$$

Par intégration on a

$$\frac{p}{\rho} = \tfrac{1}{2}S\left[(x-\xi)^2 + (y-\eta)^2\right] + (M\xi' + N\eta')(x-\xi) + (M\eta' - N\xi')(y-\eta) + C. \tag{21}$$

Posons

$$l^2 = \left[x - \xi + \frac{M\xi' + N\eta'}{S}\right]^2 + \left[y - \eta + \frac{M\eta' - N\xi'}{S}\right]^2, \tag{22}$$

nous aurons

$$\frac{p}{\rho} = \tfrac{1}{2}S\,l^2 + C$$

et $$\frac{p - p_0}{\rho} = \tfrac{1}{2}S\,l^2. \tag{23}$$

Les isobares sont des cercles autour d'un centre différent de l'origine mobile.

L'angle entre U et r soit β', on a

$$\operatorname{tang}\beta' = -\frac{N}{M}. \tag{24}$$

A l'aide de la formule

$$U^2 = u^2 + v^2 = (M^2 + N^2)\,r^2$$

on aura

$$\left.\begin{aligned} M &= -\frac{U}{r}\cos\beta' \\ N &= \frac{U}{r}\sin\beta'. \end{aligned}\right\} \tag{25}$$

A l'aide de l'équation (18) on trouvera

$$\operatorname{tang}\beta' = \operatorname{tang}\alpha + \frac{2\,U}{k\,r}\sin\beta' - \frac{N'\,r}{k\,U\cos\beta'}. \tag{26}$$

On conclut donc que même dans une cyclone immobile mais variable l'angle entre le gradient et le vent diffère de l'angle β appartenant à la cyclone permanente.

Regardons le cas spécial où M et N sont indépendantes du temps et posons $\eta' = o$ et $\xi' = W$.

Alors on a, en posant $N' = o$ et en comparant la formule pour tang β' à la première formule pour tang α:

$$\beta' = \beta$$

et en éliminant $2\,\omega\sin\Theta$ entre les équations (18) et (19) on trouvera

$$S = \frac{k}{\cos\beta}\cdot\frac{U}{r} - \left(\frac{U}{r}\right)^2 = \frac{\mu}{\rho}\,G_1 \tag{27}$$

$$l^2 = \left(x - \xi - \frac{U_1\,W}{S}\cos\beta\right)^2 + \left(y - \eta - \frac{U_1\,W}{S}\sin\beta\right)^2 \tag{28}$$

et en introduisant la hauteur barométrique b au lieu de la pression p à l'équation (23) on a

$$b - b_0 = \tfrac{1}{2}\,G_1\,l^2. \tag{29}$$

Fig. 38.

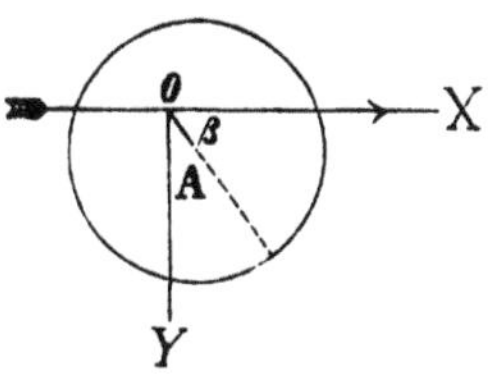

On tire de ces équations que le système d'isobares appartenant à la cyclone immobile a été transporté de l'origine 0 au centre A, dont la distance est $\frac{\rho}{\mu}\frac{U}{G}W$ et qui tombe suivant la droite $A\,O$ faisant l'angle β avec la direction de propagation du centre de la cyclone.

Exemple.

Supposons que la cyclone ait une vitesse de propagation $W = 15^m$ et qu'on ait pour la partie extérieure $U\,r = 150$ et $\alpha = 48°$, et pour la partie intérieure $U_1 = 3^m$, $G_1 = 0.483^{mm}$, $\beta = 57°.5$, on trouvera

$$O\,A = 0°.85.$$

En construisant les isobares pour la partie extérieure et pour la partie intérieure on trouvera par interpolation les isobares pour la partie intermédiaire. Les isobares se construisent d'après le tableau suivant

Valeur de r.

b	$\varphi = \alpha$	$\varphi = \alpha + 90$	$\varphi = \alpha - 90°$
760	20°.0	20°.8	19°.2
755	16.3	17.2	15.4
750	13.3	14.2	12.2
745	10.8	11.7	10.0
740	8.9	9.7	8.1
735	7.9		
730	6.3		
725	4.5.		

Fig. 39.

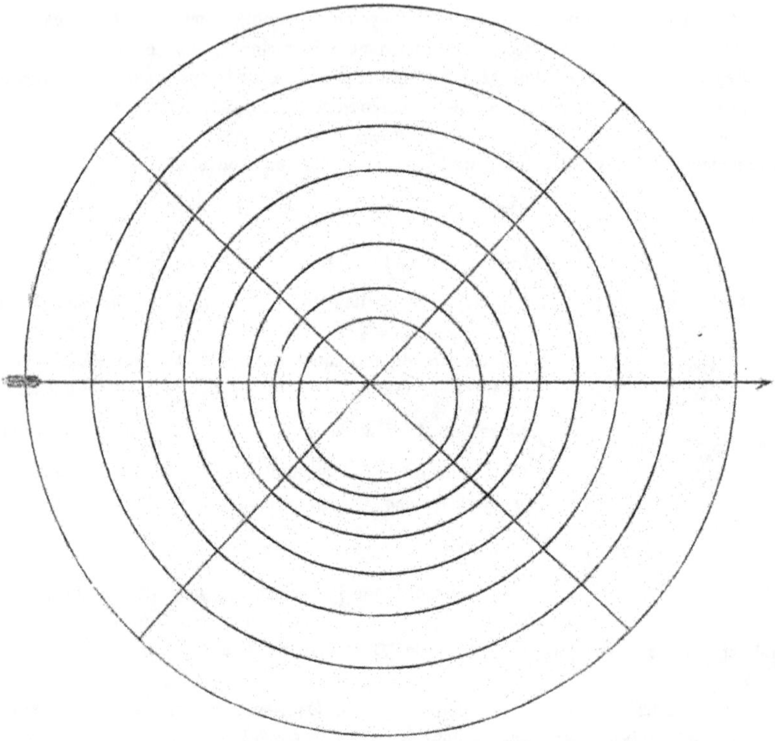

La valeur maximum de l'angle ε entre le gradient et le rayon est déterminée par l'équation (16). En posant $r = 9^0$, $U = 16.7^m$, $k = 0.00010$ on aura ε d'environ 5^0 et par conséquent l'angle de déviation ψ varie entre 43^0 au bord antérieur jusqu' à 53^0 au bord postérieur de la cyclone en marche.

§ 36. Action de la rotation de la terre sur les courants verticaux.

Comme nous avons montré dans le § 19, la force produite par la rotation de la terre dépend aussi de la vitesse verticale. Regardons d'abord un courant vertical permanent et posons les vitesses horizontales u et v égales à zéro. Les équations du mouvement se mettent sous la forme suivante, en désignant par a l'angle entre l'axe OX et le méridien (fig. 40).

Fig. 40.

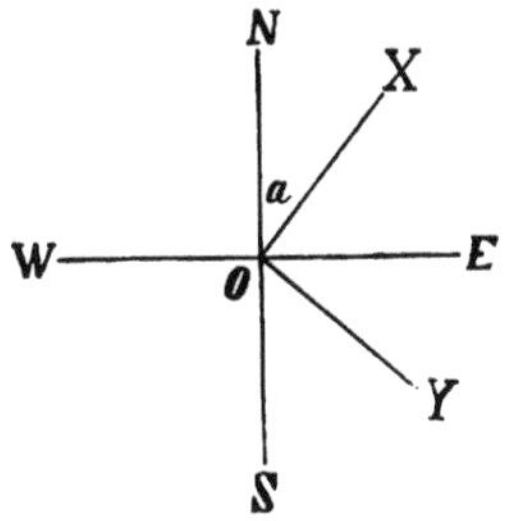

$$\frac{1}{\rho}\frac{dp}{dx} = -2\,\omega \cos \Theta \sin a\, w$$

$$\frac{1}{\rho}\frac{dp}{dy} = -2\,\omega \cos \Theta \cos a\, w$$

$$\frac{1}{\rho}\frac{dp}{dz} = -g - w\frac{dw}{dz}.$$

Il s'ensuit que le mouvement vertical a lieu de la même manière que nous avons développée dans le § 15, mais qu'il existe un *gradient horizontal.* Désignons ce gradient par G, on a

$$\frac{\mu}{\rho} G = 2\,\omega \cos \Theta\, w \qquad (1)$$

et le gradient est dirigé *vers l'est*, quand u est positif, ce qui a lieu pour les *courants ascendants.* Pour les courants descendants w est négatif et le gradient est dirigé vers l'ouest.

Le gradient produit par le courant vertical a sa valeur maximum à l'équateur, où $\Theta = 0$, et il disparaît aux pôles, où $\Theta = 90^0$. Pour une valeur moyenne de ρ on a

$$G = 0.16 \cos \Theta\, w.$$

Regardons un *courant incliné* et cherchons les conditions pour que le gradient horizontal produit par la vitesse verticale soit zéro. Supposons que le courant incliné tombe dans le plan ZOX. Nous posons la composante $v = o$. Les équations du mouvement se mettent sous la forme suivante en substituant

$$\frac{dp}{dx} = \frac{dp}{dy} = 0,$$

$$0 = -2\,\omega \cos \Theta \sin a\, w - u\frac{du}{dx} - w\frac{du}{dz} \qquad (2)$$

$$0 = 2\,\omega \sin \Theta\, u - 2\,\omega \cos \Theta \cos a\, w \qquad (3)$$

$$\frac{1}{\rho}\frac{dp}{dz} = -g + 2\,\omega \cos \Theta \sin a\, u - u\frac{dw}{dx} - w\frac{dw}{dz}. \qquad (4)$$

On tire de l'équation (3)

$$\frac{u}{w} = \operatorname{cotg} \Theta \cos a. \qquad (5)$$

Le gradient horizontal étant zéro, il faut que p soit une fonction de z seule et par suite on tirera de l'équation (4)

$$\frac{du}{dx} = 0 \qquad \frac{dw}{dx} = 0.$$

En éliminant u entre les équations (2) et (5) on trouvera

$$\frac{dw}{dz} = -2\,\omega \sin \Theta \operatorname{tang} a. \qquad (6)$$

En supposant que la densité ρ soit une fonction de z seule, l'équation de continuité se met sous la forme

$$\rho\, w = \text{const.}$$

De la dernière équation on tire

$$\frac{dw}{dz} = -\frac{w}{\rho}\frac{d\rho}{dz}.$$

Approximativement on peut écrire (voir le § 4)

$$\frac{1}{\rho}\frac{d\rho}{dz} = -\frac{g}{aT}.$$

et par suite on trouvera

$$\operatorname{tang} a = -\frac{g}{aT}\frac{w}{2\omega\sin\Theta}. \qquad (7)$$

Pour les courants ascendants la valeur de w est positive et l'angle a tombe entre 270° et 360°, c'est à dire l'axe OX tombe entre l'ouest et le nord.

En éliminant w entre les équations (5) et (7) on trouvera

$$u = -\frac{aT}{g} 2\omega\cos\Theta\sin a. \qquad (8)$$

La valeur maximum de u a lieu pour $\Theta = 0°$ et alors on a $a = 270°$, et pour $T = 273°$ on trouvera $u = 1.2^m$.

Soit par exemple $\Theta = 45°$, $T = 273°$ et $w = 1^m$, on trouvera $a = 309.°5$ et $u = 0.64^m$.

L'inclinaison du courant ascendant avec la verticale étant i, on a $\operatorname{tang} i = \frac{u}{w} = 0.64$ ou $i = 32° 37'$.

Si la hauteur du courant était de 10000^m, le centre du maximum barométrique aux couches supérieures sérait éloigné de 0.64 kilomètre ou d'environ 0.06 degré du méridien de la verticale passant par le minimum barométrique à la surface de la terre. On tire donc la conclusion que dans les cyclones le courant est incliné en arrière par l'action de la rotation de la terre, mais assez peu pour qu'on puisse négliger l'effet de cette inclinaison.

§ 37. Action de systèmes de vent simultanés.

Dans la nature on voit généralement que divers systèmes de vent ont lieu simultanément. La simultanéité de deux ou de plusieurs maxima ou minima barométriques produit des perturbations dans les systèmes d'isobares de chaque système et surtout suivant le passage d'un système à un autre les isobares s'écartent de la forme normale.

Nous allons éclaircir le passage du vent d'un système à un autre par un exemple qui offre une analogie avec certains cas de la nature.

Regardons un mouvement horizontal et supposons que les vitesses suivant les axes OX, OY et OZ se mettent sous la forme

$$u = My,\ v = Mx \text{ et } w = 0. \qquad (1)$$

En substituant ces valeurs dans les équations (1) et (2) du § 35, on a

$$\frac{1}{\rho}\frac{dp}{dx} = -2\omega\sin\Theta\, Mx - kMy - M^2x \qquad (2)$$

$$\frac{1}{\rho}\frac{dp}{dy} = 2\,\omega \sin \Theta\, M y - k\, M x - M^2 y. \tag{3}$$

Par intégration on trouvera

$$\frac{p - p_0}{\rho} = -\tfrac{1}{2}\, x^2 (2\,\omega \sin \Theta\, M + M^2) - k\, M x y + \tfrac{1}{2}\, y^2 (2\,\omega \sin \Theta\, M - M^2)$$

et en introduisant

$$\operatorname{tang} \alpha = \frac{2\,\omega \sin \Theta}{k}$$

on aura

$$\frac{p - p_0}{\rho} = \frac{k\, M}{2}\left[y^2 \left(\operatorname{tang} \alpha - \frac{M}{k}\right) - 2\, x y - x^2 \left(\operatorname{tang} \alpha + \frac{M}{k}\right)\right]. \tag{4}$$

En supposant que $\operatorname{tang} \alpha > \frac{M}{k}$, les isobares représentées par l'équation (4) sont des *hyperboles.*

Les asymptotes sont représentées par l'équation

$$\frac{y}{x} = \frac{1 \pm \sqrt{1 + \operatorname{tang}^2 \alpha - \left(\frac{M}{k}\right)^2}}{\operatorname{tang} \alpha - \frac{M}{k}}. \tag{5}$$

Les trajectoires sont déterminées par:

$$\frac{dx}{dt} = M y \quad \text{et} \quad \frac{dy}{dt} = M x$$

et par conséquent

$$x\, dx - y\, dy = 0.$$

Par intégration on aura

$$x^2 - y^2 = \text{const.} \tag{6}$$

On conclut donc que les trajectoires sont des hyperboles équilatères.

La vitesse absolue U se trouve par les équations (1) et on a

$$U = M r. \tag{7}$$

Posons $\alpha = 45^0$, $\frac{U}{r} = 1$, $k = 0.00006$, on trouvera pour les asymptotes des isobares

$$\frac{y}{x} = 2.83 \quad \text{et} \quad \frac{y}{x} = -0.478.$$

On construit sans peine les hyperboles à l'aide des asymptotes et d'un point dans l'hyperbole. En introduisant une valeur moyenne de ρ et en exprimant la pression en millimètres de mercure on trouvera par l'équation (4) pour $x = 0$: $y^2 = 36.37\ (b - b_0)$

pour $y = 0$: $x^2 = 26.88\ (b_0 - b)$.

En donnant à la différence $b - b_0$ les valeurs de 1mm, de 2mm, de 3mm etc., on aura des points par lesquels on peut construire les hyperboles isobares.

Pour construire une trajectoire du vent on prend un point quelconque.

Fig. 41.

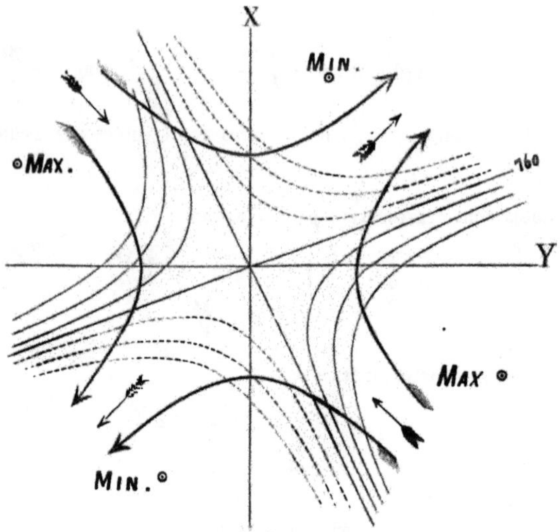

Fin de la deuxième partie.

CPSIA information can be obtained
at www.ICGtesting.com
Printed in the USA
BVHW090923261118
534013BV00010B/540/P

9 780260 963987